就業・開店・興趣　一本引導你進入烘焙世界

★

# 裱花師 培訓教科書

黎國雄　主編

瑞昇文化

**TITLE**

裱花師 培訓教科書

**STAFF**

出版　瑞昇文化事業股份有限公司
主編　黎國雄

創辦人 / 董事長　駱東墻
CEO / 行銷　陳冠偉
總編輯　郭湘齡
責任編輯　張聿雯
文字編輯　徐承義
美術編輯　謝彥如
國際版權　駱念德　張聿雯

排版　洪伊珊
製版　明宏彩色照相製版有限公司
印刷　桂林彩色印刷股份有限公司

法律顧問　立勤國際法律事務所　黃沛聲律師
戶名　瑞昇文化事業股份有限公司
劃撥帳號　19598343
地址　新北市中和區景平路464巷2弄1-4號
電話 / 傳真　(02)2945-3191 / (02)2945-3190
網址　www.rising-books.com.tw
Mail　deepblue@rising-books.com.tw
港澳總經銷　泛華發行代理有限公司

初版日期　2024年5月
定價　NT$450／HK$144

**ORIGINAL EDITION STAFF**

副主編　李政偉
參編人員　彭湘茹　魏文浩　王美玲

國家圖書館出版品預行編目資料

裱花師培訓教科書：就業.開店.興趣 一本引導你進入烘焙世界 / 黎國雄主編. -- 初版. -- 新北市：瑞昇文化事業股份有限公司, 2024.05
192面； 18.5x26公分
ISBN 978-986-401-731-7(平裝)
1.CST: 點心食譜

427.16　113005171

# 前言

目前，針對蛋糕裱花課程的教材及書籍偏少。為此，本書緊貼市場發展，系統整理了蛋糕裱花的相關知識。本書裱花的款式新穎，為專業人士提供深造的平臺，為業餘愛好者提供學習的機會。

本書以實踐應用為宗旨，不僅涵蓋了最基礎的入門知識，還詳細介紹製作方法的具體步驟並配有精美的操作步驟圖片。對每款蛋糕裱花進行詳細介紹和説明，力求使製作方法簡單易懂。根據蛋糕裱花流行趨勢和市場需要，更加系統完整講解配色方法、花嘴選擇、裝飾技巧和手法等知識點，以幫助讀者掌握裱花的核心知識，在此基礎上還有33 款作品供大家參照學習，拓寬視野。

蛋糕裱花作為西點製作的一部分，裝飾出各式圖案及形象生動的情景，集視覺美、色彩美和造型美於每一款蛋糕之中，讓人賞心悦目。

接下來帶你走進裱花蛋糕的製作天地。

# 目錄

## PART 03 蛋糕體製作 51



## PART 04 蛋糕飾件製作 65



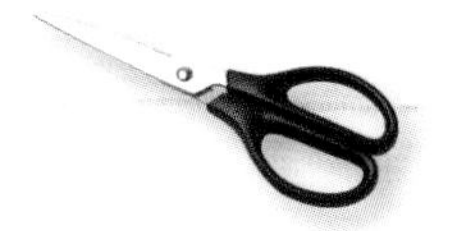

# 基礎知識

✣ ✣ ✣

## 工具的認識

### 設備介紹

烘焙中可用於揉麵，攪打蛋白、奶油或者餡料。優質攪拌機具備靜音，穩定性好，功能性強等優點，做蛋糕用到的攪拌頭，以12絲和20絲較多，20絲的攪拌頭打發的蛋白和奶油更細膩穩定。

烤箱

目前市場上使用率較高的是旋風烤箱和平烤箱兩種。

✣ 旋風烤箱又稱熱風烤箱，通過風扇的熱風讓整個烤箱升溫，所以整個烤箱的溫度非常均勻，可以同時烤多層產品，適合烤酥脆類的產品。

✣ 平烤箱一般上下各有一組發熱管，透過發熱對食物進行烘烤，平烤箱的上下管溫度是可以調節的，一次只能烤一層產品。

分有冷藏和冷凍區域，冷藏用於水果保鮮，以及麵種的低溫發酵。冷凍用於保存肉類，以及各種食物定型。

用於加熱食材，方便調節溫度。

用於小分量食材攪拌、打發。

### 工具介紹

鋸齒刀

用於切割麵包、蛋糕等，刀刃有鋸齒狀的構造。以刀面薄，刀身長，有一定重量的產品為佳。

抹刀

又稱為吻刀，用於蛋糕奶油抹面或夾心，刀尖呈圓弧形或直角形，刀面越薄的抹刀，塗抹出的奶油表面越光滑。

水果刀

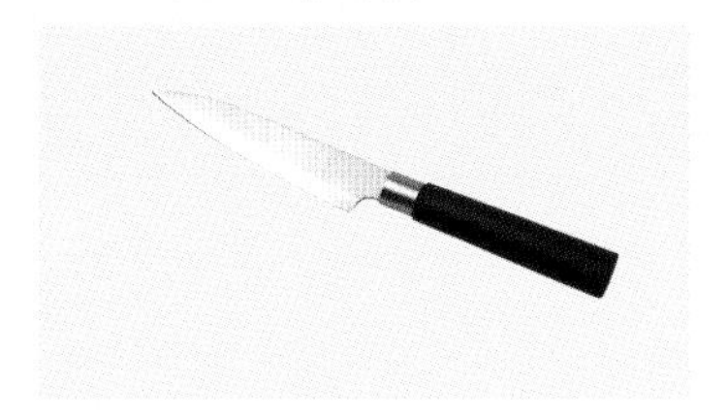

用於果蔬的削皮和切割。

蛋糕模具

市面使用較多的模具為鋁製材料，無塗層的鋁製活底模具更適合烤戚風蛋糕，可以根據需要選擇不同形狀和尺寸的模具。

電動打蛋器

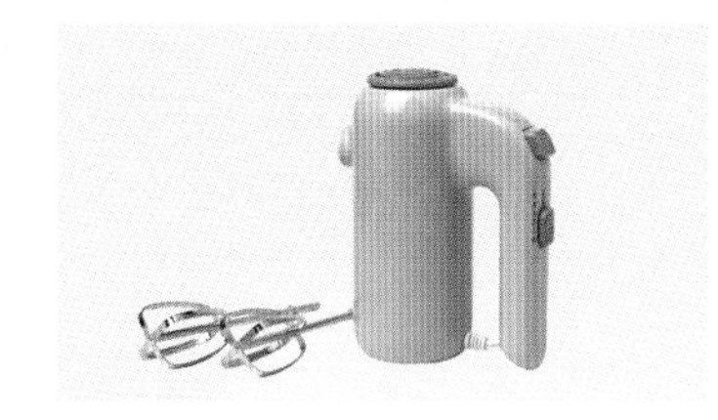

用於攪打混合各種原材料，挑選重量輕、網絲較細的產品使用起來更順手省力。

長柄軟刮刀

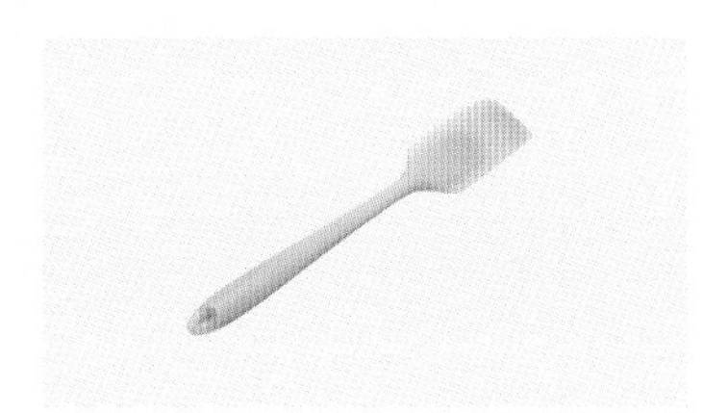

用於攪拌混合，一般以耐高溫矽膠材料較多。

電子秤

用於原材料的稱重，須購買品質精準到克的電子秤。

不銹鋼盆

用於原材料的備料、混合等。

奶鍋

用於原材料的加熱、熬製餡料等。

轉檯

用於蛋糕抹面。一般市面上有鋁合金、鋼化玻璃、不銹鋼等材質的轉檯，選用較有重量的產品更好操作。

冷卻架

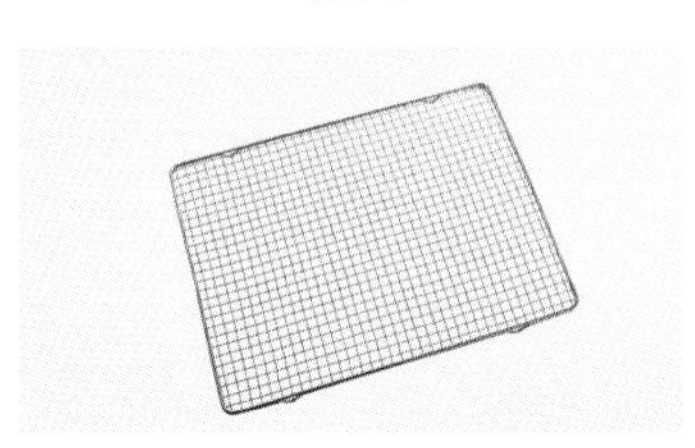

用於烤製好的製品散熱。

### 剪刀

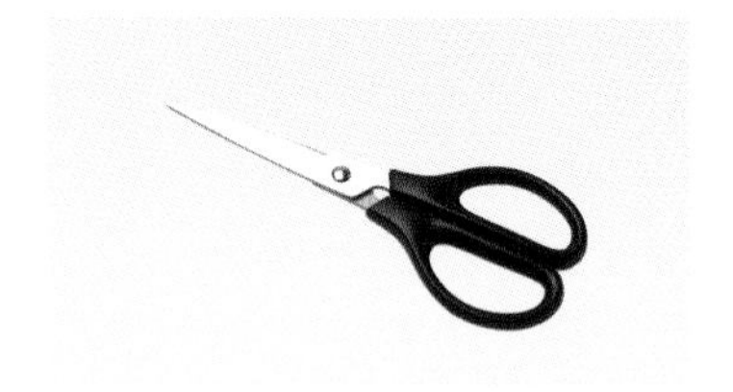

用於蛋糕造型的裁剪，或裱花袋口的剪切。

### 紅外線測溫儀

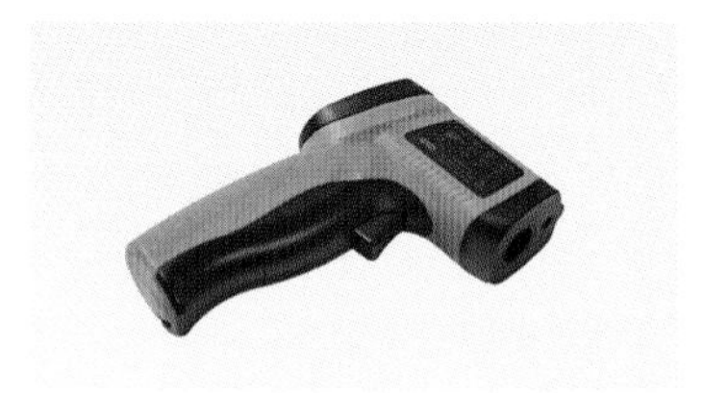

用於在製作過程中檢測食材的溫度，不需要直接接觸食材，就能進行測溫。

### 鋼圈模具

用於巧克力片或翻糖皮的切割，鋼圈模具也有不同的大小和形狀。

### 擀麵棍

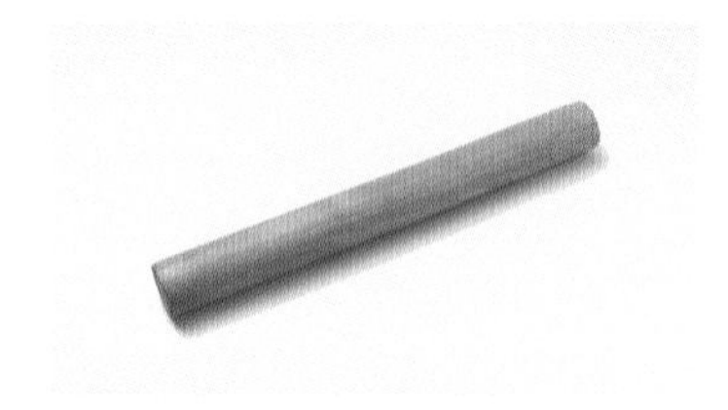

用於翻糖飾件的製作，可以把翻糖皮擀成想要的厚度和大小。

### 切割墊

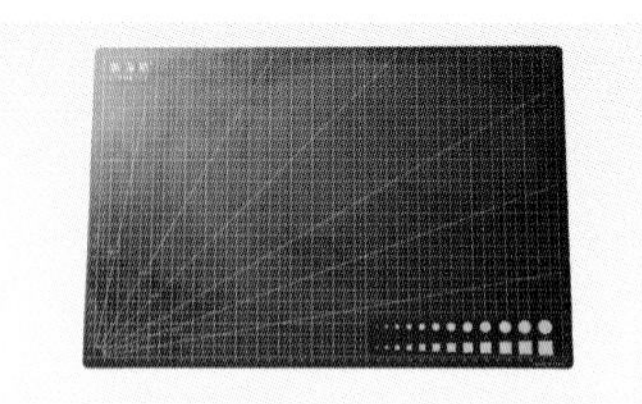

用於翻糖飾件的製作，可以直接在表面切割翻糖皮，有一定的防黏作用。

### 可食用色素筆

用於糖霜餅乾的繪製。

### 鏟刀

用於巧克力飾件的製作，鏟刀有多種長度和寬度規格。

### 玻璃紙

用於巧克力飾件製作和裱花手繪轉印。

### 裱花嘴

用於蛋糕花邊和花卉的製作。裱花嘴有許多尺寸規格，大多用金屬材料製成，適用於鮮奶油、奶油霜、蛋白霜、豆沙等材料。

裱花釘

搭配裱花嘴擠製花卉。裱花釘也有大小不同的尺寸選擇，建議選擇金屬材質的。

裱花棒

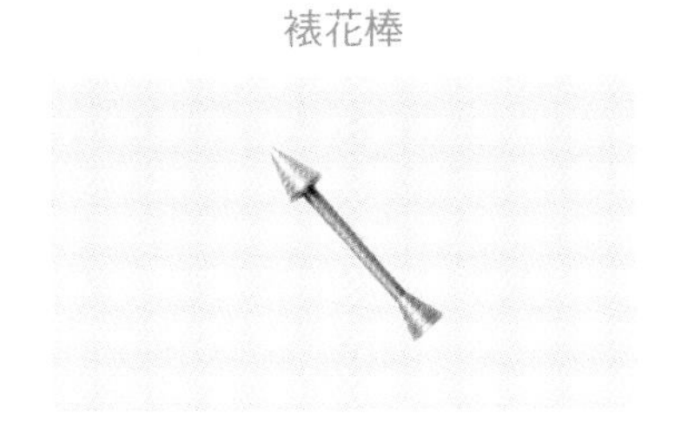

用於奶油花卉的製作，搭配裱花嘴使用。

油畫刀

用於蛋糕刮刀畫製作，或者小面積的奶油塗抹。

毛筆

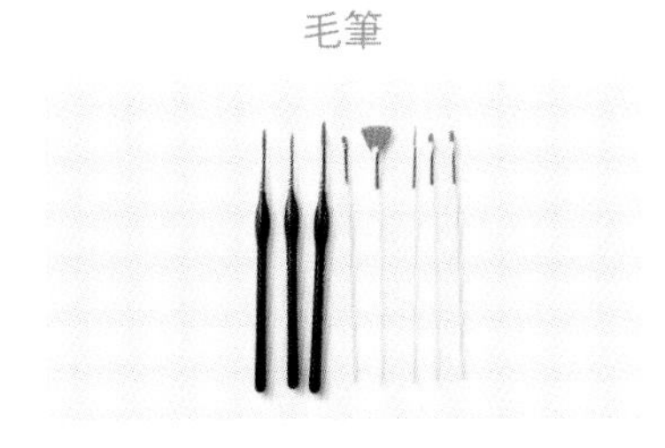

用於裱花手繪的表面修整，一般選用柔軟不易掉毛的。

裱花剪

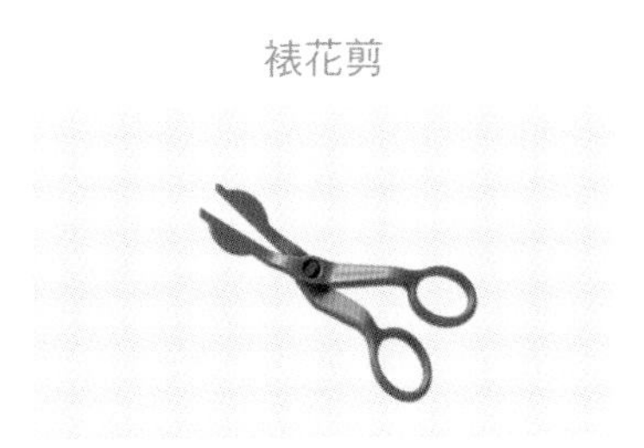

用於韓式裱花組裝。

透明刮片

用於弧形蛋糕製作，可以隨意調整弧度。也可用於奶油表面的修整，使奶油表面更光滑。

篩網

用於粉類、液體類材料過篩，避免材料結塊，混入雜質等。

熱熔槍

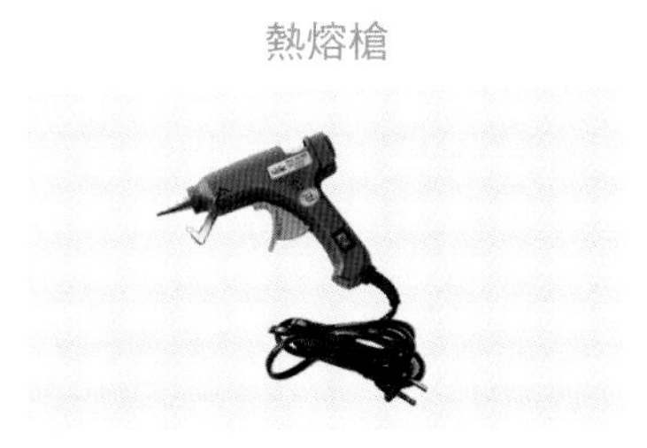

用於蛋糕底座打樁，飾件黏合。

矽膠膜具

用於製作各種款式的裝飾飾件，矽膠的特點是耐高溫，耐腐蝕，抗撕拉性強，模擬精細度高，適用於巧克力、翻糖、艾素糖等材料。

保鮮膜

用於食材保鮮、保濕等。

密封袋

用於食材保濕。

矽膠墊

用於高溫食材的製作和定型，如艾素糖。

蛋糕底托

用於盛放製作好的蛋糕，一般材質以塑膠和紙質較多。

不沾烤盤

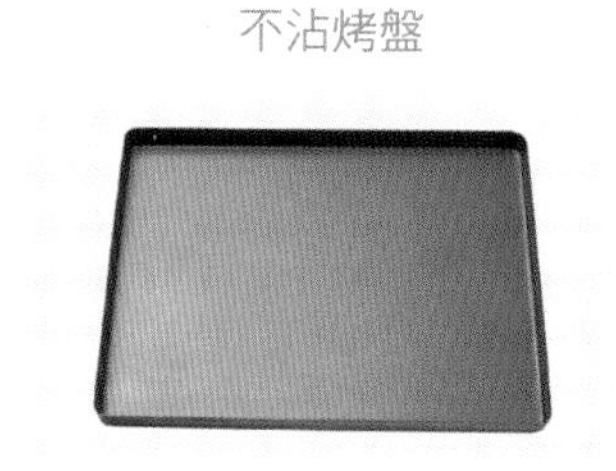

用於蛋糕體、餅乾的烤製。

水果夾

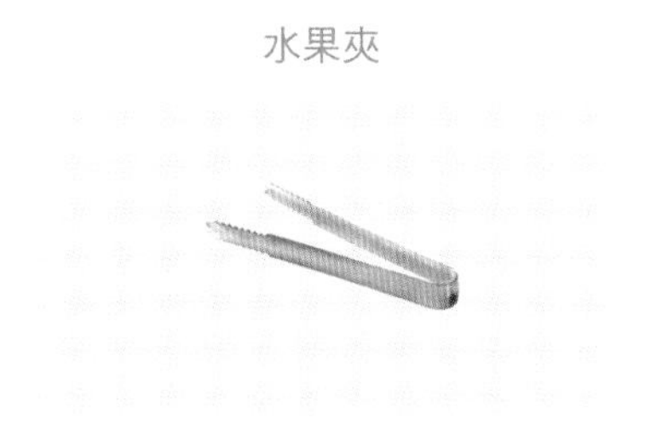

用於水果或其他食材的擺放。

水果勺

製作蛋糕夾心時，用於盛取顆粒較小的水果，也可用於盛取果餡這種水分較多的食材。

收納盒

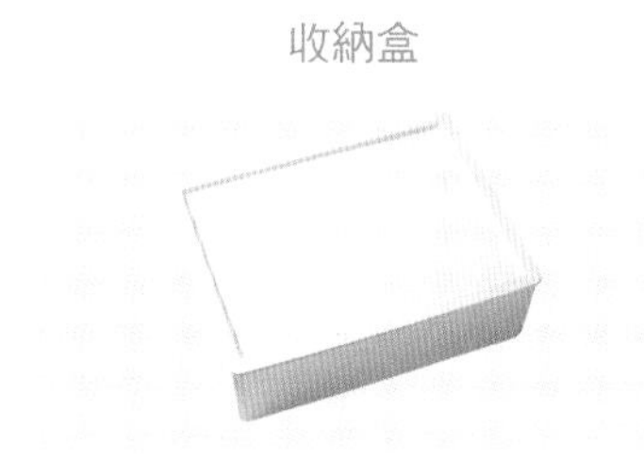

用於食材、飾件、用具的收納和保存。

鑷子

用於夾取細小的食材，如小糖珠等。

鋼尺

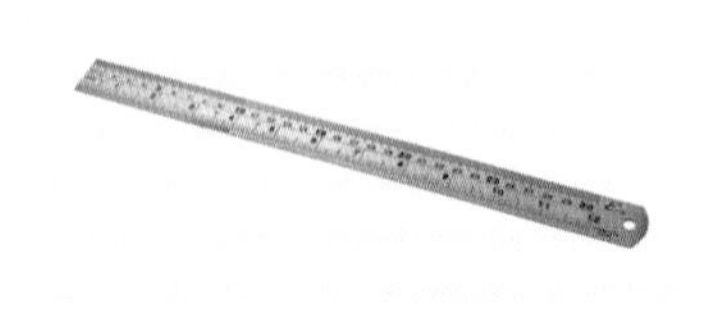

用於衡量製品的長短。

印壓模具

用於翻糖或餅乾的製作，根據需要選擇不同的形狀和大小。

## 食材的認識

### 大豆油

大豆油是由大豆壓榨而成，大豆油用於製作海綿蛋糕和戚風蛋糕時，能夠幫助蛋黃乳化，保留水分，改善蛋糕的口感，增加風味，使組織更加細膩柔軟。

### 奶油

奶油是由牛奶中提煉出來的油脂，營養價值豐富，蛋糕裡的奶油可以使蛋糕蓬鬆、柔軟、綿密。常用的奶油種類有自然發酵、非發酵、有鹽、無鹽，根據不同的產品進行選擇。

### 玉米糖漿

玉米糖漿由玉米澱粉製成，用於製作糖皮可增加其延展性和保濕性，質地更佳。同時還可以降低成品的甜度，也可用於蛋糕製作。

### 香草糖漿

香草糖漿是由糖、水、香草莢熬製而成，在蛋糕製作中添加香草糖漿，可以增加蛋糕體的風味，也可用於蛋糕夾心的調味。

### 蜂蜜

蜂蜜是一種天然糖漿，用於蛋糕或西餅中增加產品的風味和色澤，同時起到保濕的作用。

### 砂糖

砂糖是由甘蔗和甜菜中提煉而來，蛋糕裡的糖可以使蛋糕更加柔軟，同時糖的吸水性還能起到防腐的作用，高溫有利於梅納反應的發生，從而使蛋糕的顏色更能引起食欲。做蛋糕時一般選用細砂糖。

### 糖粉

糖粉是由晶粒粉碎得到的最細白糖，因此糖粉很容易溶解，這種特性很適合用來製作翻糖皮和蛋白霜，也可用於蛋糕的製作。

### 防潮糖粉

防潮糖粉是由葡萄糖、小麥澱粉、植物油、香蘭素配製而成。將葡萄糖粉經植物油包埋加工而成，特點是不結塊，遇水不易溶化，主要用於蛋糕西點的表面裝飾。

### 艾素糖

艾素糖是由砂糖加工而成。糖度較低，透明度高，硬度大，耐高溫，加熱過程中不易變色，可以二次造型，主要用於製作糖藝作品。

### 白巧克力

白巧克力主要是可可膏中分離出的可可脂，再加入香料、糖粉、乳製品等製成。白巧克力可調色，在裱花蛋糕製作中主要用於裝飾飾件製作和奶油的調味。

### 黑巧克力

黑巧克力是由可可脂、可可粉、糖加工而成，在裱花蛋糕中主要用於蛋糕裝飾飾件的製作，奶油的調味，以及蛋糕餡料的製作。

### 牛奶

牛奶是西點產品中常用的原材料，牛奶可以增加蛋糕的風味，同時使蛋糕更加細膩柔軟。

### 奶油乳酪

奶油乳酪是一種發酵的乳製品，含有豐富的乳酸菌，營養價值高，一般用於製作醬料、起司蛋糕、慕斯蛋糕等。

### 奶油

奶油是由牛奶中分離的脂肪，脂肪含量在35％的奶油才能打發使用，廣泛應用在裱花蛋糕的抹面和夾心調味。在日常的練習中可以選用植物奶油，是一種由植物油、糖等原料經過加工製成的人造奶油，成本低，穩定性好。

### 果醬

果醬是一種帶果肉的水果製品，質地較稠，主要用於蛋糕、麵包的夾心製作。

### 果茸

果茸是由新鮮的水果提取後冷凍處理，極大限度保持了水果風味。由於果茸的質地細膩，可用於奶油調味和慕斯製作。

### 食用色素

從可食用原料中提取。常用的色素有水油狀、膏狀、粉狀（水性和油性）。巧克力調色、噴砂調色，用油性色素；淋面和蛋糕製作，用水性色素較多。

食用色粉

食用色粉由果蔬提煉而來。有些食用色粉中含有亮粉，主要用於翻糖成品、巧克力飾件、艾素糖飾件表面的上色裝飾。

玉米澱粉

玉米澱粉是由玉米中提煉出來的澱粉，在製作戚風蛋糕時加入玉米澱粉可以降低低筋麵粉的筋度，防止蛋糕因為筋度太強，產生收縮的現象，口感會更加輕盈細膩。

杏仁粉

杏仁粉由杏仁磨粉製成，用於蛋糕甜品製作可以使成品有獨特的堅果香，增加口感層次。

抹茶粉

抹茶粉由茶樹在遮光覆蓋後採摘的茶葉，經過殺青、烘乾、碾茶、研磨等工序製成。在裱花蛋糕製作中，添加抹茶粉，蛋糕製品帶有清新的抹茶香，也可用於蛋糕餡料的調製或者用於奶油的調味、調色。

可可粉

可可粉由脫脂的可可豆研磨而成。可可粉在西點中應用廣泛，在蛋糕糊中加入，蛋糕會帶有濃郁的巧克力香味。

低筋麵粉

低筋麵粉是由軟質白色小麥磨製而成，蛋白質含量較低，幾乎沒有筋力，延展性弱，彈性差，適合製作蛋糕、餅乾類產品。在蛋糕製作中，麵粉的麵筋構成蛋糕的骨架，澱粉起到填充作用。

雞蛋

雞蛋的熱量低，富含蛋白質，是西點產品常用的原材料。蛋糕製作中，在蛋黃中打入空氣時，它可以起到乳化的作用，蛋黃中的油脂也可以給蛋糕帶來鬆軟的口感，蛋白有非常好的發泡能力，可以增加蛋糕的彈性，在烤箱內加熱，雞蛋的氣泡會膨脹起來，再持續加熱，氣泡膜會凝固，保持膨脹起來的形狀，這是因為雞蛋中的蛋白質因熱凝固。

白豆沙

白豆沙由菜豆熬製而成，在裱花蛋糕中主要用於韓式裱花的製作，也可作為餡料使用。

糯米托

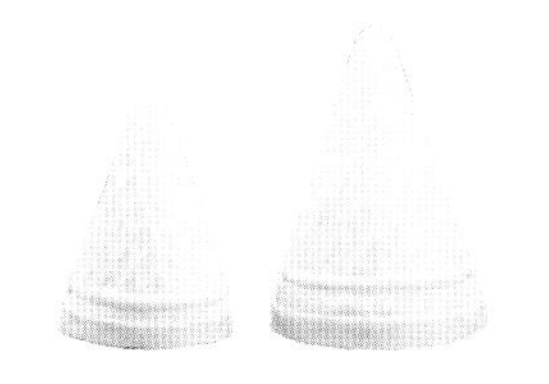

糯米托由糯米和澱粉製作而成，主要用於奶油花卉的製作。

吉利丁片

吉利丁片大多由豬骨、豬皮提煉而來。吉利丁片使用前必須在水中浸泡，待乾性的膠質軟化成糊狀再使用。吉利丁有遇熱融化，遇冷凝固的特性，因此廣泛應用在冷凍類甜點產品中。

鹽

不加鹽的蛋糕甜味重，食後生膩，而鹽不但能降低甜度，使之適口，還能帶出獨特的風味。

# 認識奶油

✣ ✣ ✣

## 一、奶油的用途

奶油是裱花蛋糕中必不可少的原材料，除了用於製作傳統蛋糕，奶油還廣泛應用於慕斯蛋糕和料理中，可以起到提味、增香的作用，還能讓點心變得鬆軟可口。

## 二、奶油的分類

常用的奶油分為三大類：植物奶油、動物奶油、乳脂奶油。

## 三、植物奶油

植物奶油以大豆油等植物油和水、鹽、奶粉等輔料加工而成，相較於其他奶油，植物奶油價格低廉，穩定性好，可反覆使用，但口感差，有明顯的香精味，少量產品可能含有反式脂肪酸，多食對健康不利。隨著生活水準的提高，目前市場上大部分的植物奶油用於日常練習、產品展示，或者和動物奶油調配使用。

### 植物奶油的儲存以及解凍方法

植物奶油需要冷凍保存（-18℃），在打發之前需要提前解凍到2～4℃（帶有少許冰渣），常用的解凍方法有三種：

1. 提前一天從冷凍室取出，放入冷藏室解凍，這個方法解凍的奶油比較穩定，但解凍時間較長。
2. 室溫解凍，這個方法解凍奶油耗時更短，但相較於冷藏解凍，穩定性較差。
3. 浸水解凍，這個方法解凍奶油穩定性差，但耗時最短，適合應急使用。

### 植物奶油的打發方法

1. 把帶有少許冰渣的奶油倒入攪拌桶中，用低速打到奶油呈優酪乳狀。
2. 用中速打發至中性發泡。
3. 再慢速攪拌半分鐘消泡。

植物奶油打發前的狀態。

低速打發至順滑的優酪乳狀。

中速打發至7～8成，奶油有明顯的溫度，能拉出直立的尖角的狀態。

小貼士

1. 打發好的奶油如何保存？

解決方法

✣ 打發好的奶油可以蓋上保鮮膜，放入冰箱冷藏保存，不可冷凍，冷凍會破壞奶油的穩定性。

2. 打發好的奶油變軟了怎麼辦？

原因

✣ 奶油裡的冰渣沒有完全解凍就打發奶油，奶油打發好後，冰渣慢慢融化，奶油變稀。

✣ 室內溫度過高，奶油溫度隨之升高，奶油慢慢變軟。

✣ 奶油溫度在10℃左右可以直接再次打發。

✣ 奶油溫度較高，可加入新的奶油再次打發或放入冰箱降溫至10℃左右再重新打發。

3. 打發的奶油變粗糙，有大氣孔怎麼辦？

✣ 奶油長時間置於室溫。

✣ 奶油反覆多次使用。

✣ 加入新的奶油攪拌均勻。

## 四、動物奶油

動物奶油由牛奶提煉而成，也稱鮮奶油，脂肪含量為30%～36%，有自然的奶香味，入口即化，但穩定性差，對溫度的要求較高。動物奶油廣泛應用於裱花蛋糕製作，餡料夾心的調製，高級慕斯、霜淇淋、茶飲的製作等。動物鮮奶油本身不含糖，所以打發的時候要加糖調味。

## 動物奶油的儲存方法

動物奶油須冷藏保存（4℃左右），切記不可冷凍，冷凍會破壞奶油的組織，使其呈豆腐渣狀態。

## 動物奶油的打發方法

1. 把動物奶油倒入攪拌桶中，動物奶油的量不要低於攪拌器高度的 1/3，這樣比較容易把空氣攪打進去。
2. 加入細砂糖，每100克奶油加入8克細砂糖。
3. 用中速打發至需要的狀態。

中性發泡

奶油表面有一定的光澤，沒有流動性，奶油偏軟，順滑，有明顯的紋路，能拉出軟雞尾狀，這種狀態的奶油適合製作餡料或者用於蛋糕表面的調色抹面。

濕性發泡

呈濃稠的優酪乳狀，有一定的流動性，拉起奶油滴入碗中，有一定的紋路，保持10秒左右紋路消失，這樣狀態的奶油適合製作慕斯、霜淇淋、茶飲奶蓋等。

乾性發泡

奶油沒有明顯的雞尾狀，組織較為粗糙，呈啞光狀態，適合製作蛋糕的抹面奶油和夾心。

**✣ 奶油打過頭的狀態**

水油分離

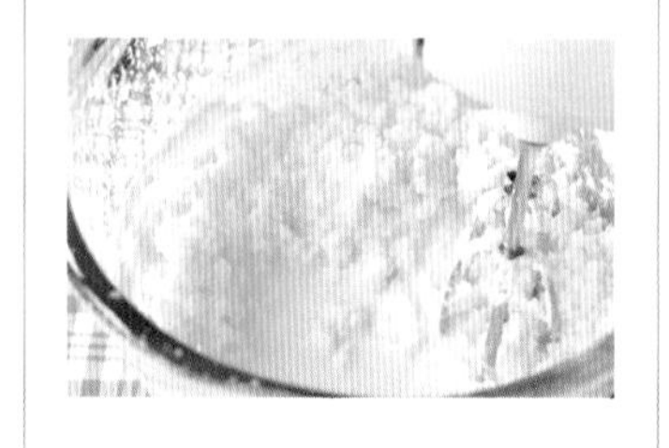

小貼士

1. 打發好的奶油如何保存？

解決方法

✣ 打發好的奶油可放入冰箱冷藏保存，由於動物奶油的穩定性較差，不建議一次打發太多，最好一次用完。

2. 夏天溫度較高，奶油越打越軟怎麼辦？

解決方法

✣ 在打發奶油前，將攪拌桶和攪拌器放入冰箱冷凍半小時，再倒入奶油打發。

✣ 打發奶油時在容器的外部綁冰塊進行降溫。

✣ 可以在奶油裡加入少量融化好的吉利丁液、奶油或者起司，一起打發，增加穩定性。

3. 用不完的鮮奶油如何保存？

解決方法

✣ 在剪開鮮奶油的盒子前須確認使用的分量，如果會有剩餘，口子剪小一點，用完以後用夾子夾緊或者折好，用保鮮膜包裹。

✣ 倒入高溫滅菌過的密封袋保存，這樣的鮮奶油可以保存7～15天。

4. 動物奶油打太過，油水分離怎麼辦？

✣ 可以加入約2大勺的全脂奶粉，然後用手動打蛋器攪拌一下，可以恢復到正常的狀態。這樣的奶油可以做慕斯蛋糕、霜淇淋，但不適用於蛋糕抹面、裱花。

✣ 可以繼續攪打直到油水徹底分離，這時就得到了奶油和分離出來的牛奶。其實這是家庭製作奶油最簡單的方法，分離出來的牛奶可用於製作蛋糕、麵包，以增加奶香味。

5. 用動物奶油做好的蛋糕怎麼運輸？

✣ 動物奶油製作的蛋糕易化，怕熱，所以運輸過程中可以用保溫袋加冰袋的方法給蛋糕降溫。

## 五、乳脂奶油

乳脂奶油其實是混合型的奶油，在市場上的成品一般是動物奶油和植物奶油以3：7的比例混合而成，也可以根據需要自己控制比例進行調配，乳脂奶油的保存方法和使用方法與植物奶油一致。

乳脂奶油的穩定性較好，易操作，易保存，沒有明顯的香精味，奶味較淡，口感清爽，價格相對動物奶油更優惠，目前含乳脂奶油在蛋糕店和線上蛋糕店裡的使用率是非常高的。

# 蛋糕配色

## 一、蛋糕調色基礎

### 1. 色相

色相就是人眼看到的具體顏色。

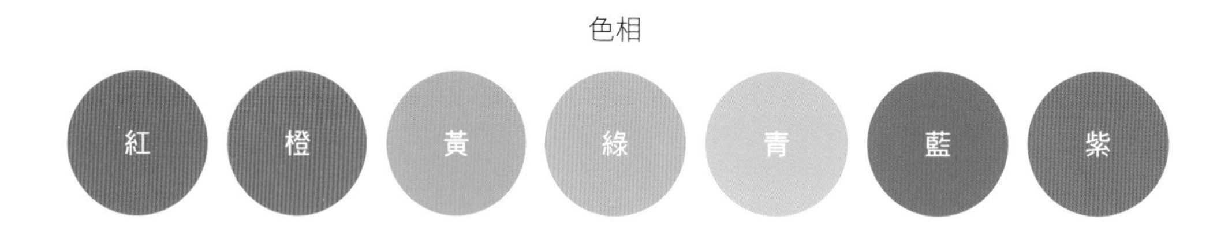


### 2. 純度

純度（彩度）是指色彩的鮮豔程度，簡單理解就是：顏色中是否含有白或黑。

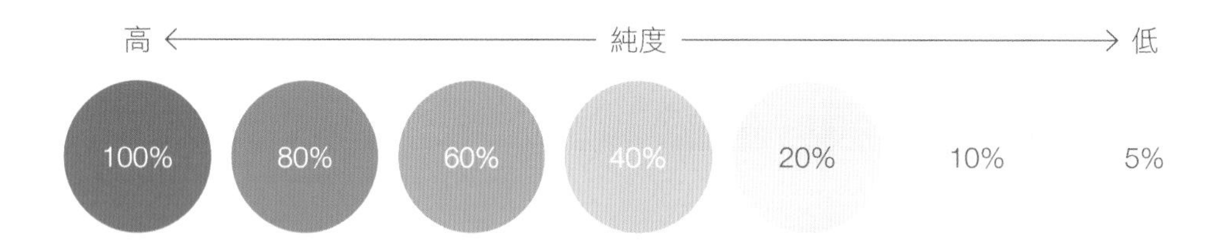


### 3. 明度

明度又稱為色彩的亮度，主要是深淺明暗的變化。

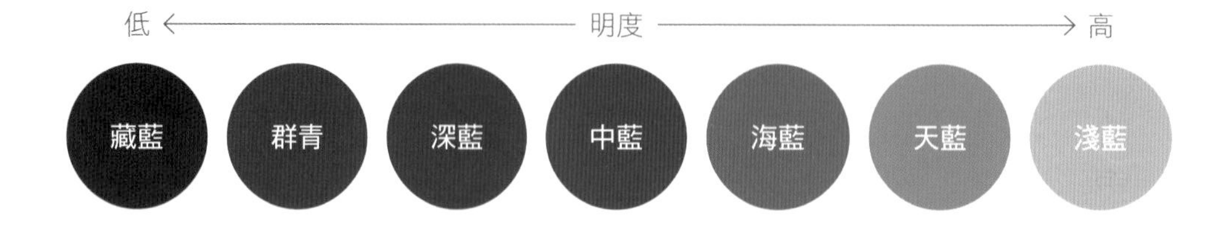

## 二、色環的認識

### 1. 十二色環

十二色環是由原色、間色（二次色）、複色（三次色）組合而成。

三原色：指色彩中不能再分解的三種基本顏色，即紅、黃、藍。可以混合出所有的顏色，三原色是最基本的三色，是一切顏色的原色。三原色同時相加為黑色，黑白灰屬於無色系。

間色：由兩個原色調出來的顏色，如橙、紫、綠。

複色：將兩個間色或一個原色與相鄰的間色混合得到的顏色，如黃橙、黃綠、藍綠等。

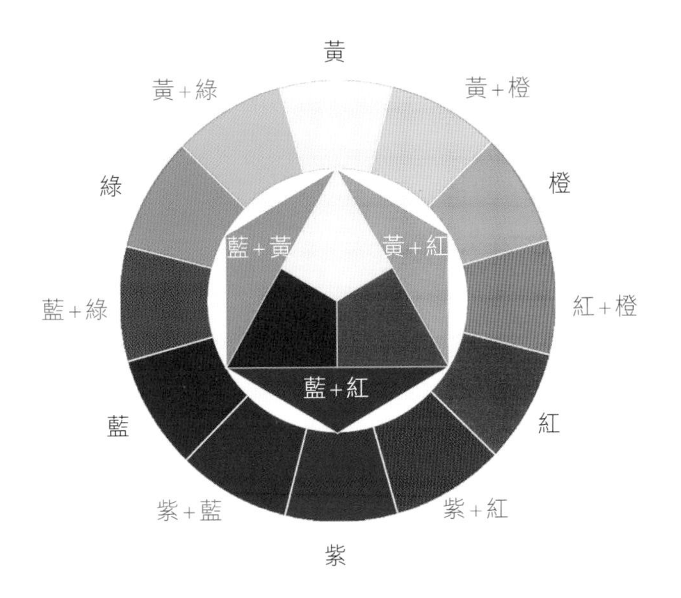


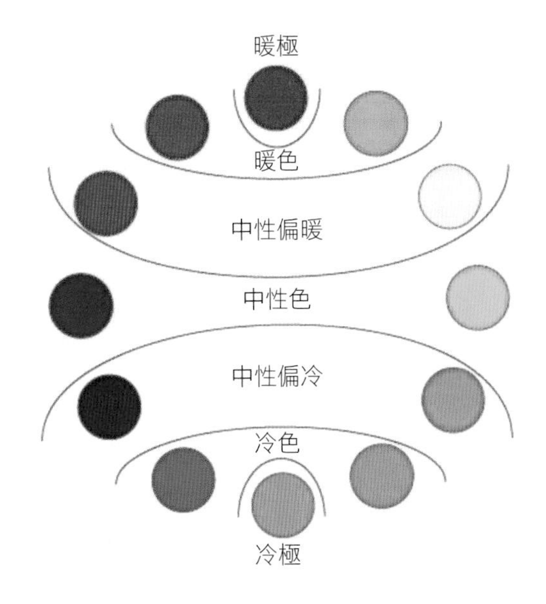

## 2. 色系

冷色系：冷色系讓人覺得清涼、冷清、鎮靜，由綠、藍、紫構成的顏色。

暖色系：暖色系讓人感覺溫暖、活潑、熱情，由紅、橙、黃構成的顏色。

中性色：黃綠和紅紫，黑白灰都屬於中性色。

# 三、蛋糕配色實用技巧

## 1. 對比色

在12色環中相差3～4格的顏色，如黃與紅、紅與藍、黃與藍。色彩對比效果鮮明、強烈，具有飽和、華麗、歡快、活躍的感情特點，但容易產生不協調的感覺，可以把色彩純度調低，緩解色彩的衝撞感。

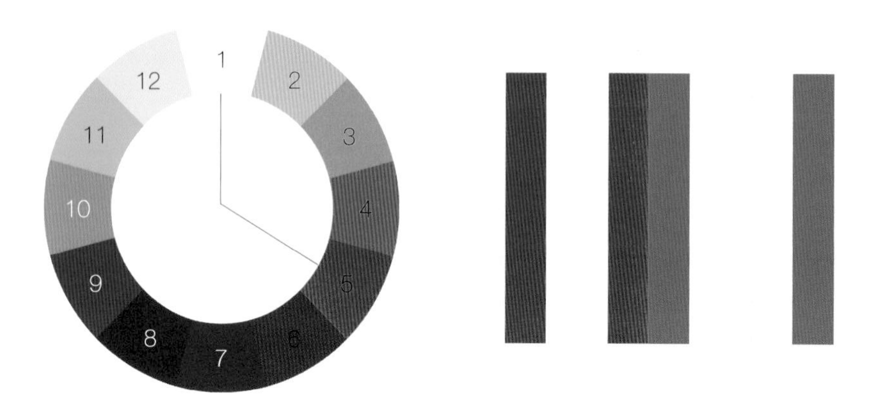


## 2. 類似色

在12色環上間隔1格的顏色，如紅與橙、橙與黃等。類似色比鄰近色的對比效果要明顯些，類似色之間含有同樣的色素，既保持了鄰近色的柔和、和諧，又具有耐看、色彩明確的優點。需要注意的是，須在明度上有變化，使蛋糕視覺效果不至於太過單調，或者用小面積的對比色作為點綴增加蛋糕的變化和活力。

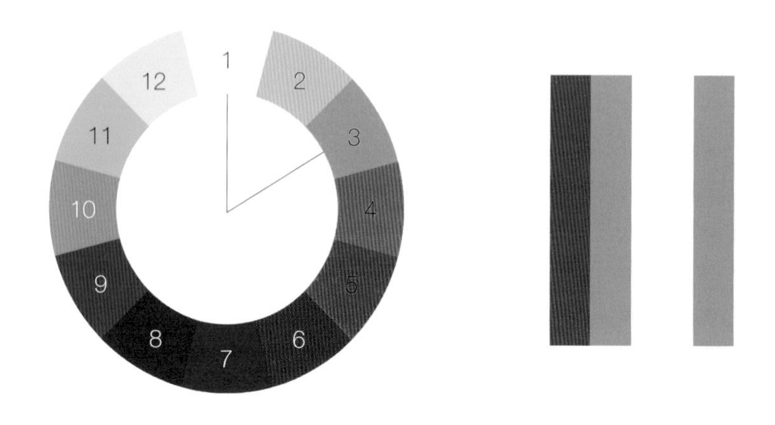

## 3. 鄰近色

相鄰的2個或3個顏色，為弱對比類型，如黃綠、黃和黃橙，效果柔和、和諧、雅致、文靜。但也感覺單調、模糊、乏味，可通過調節明度差來增強效果。

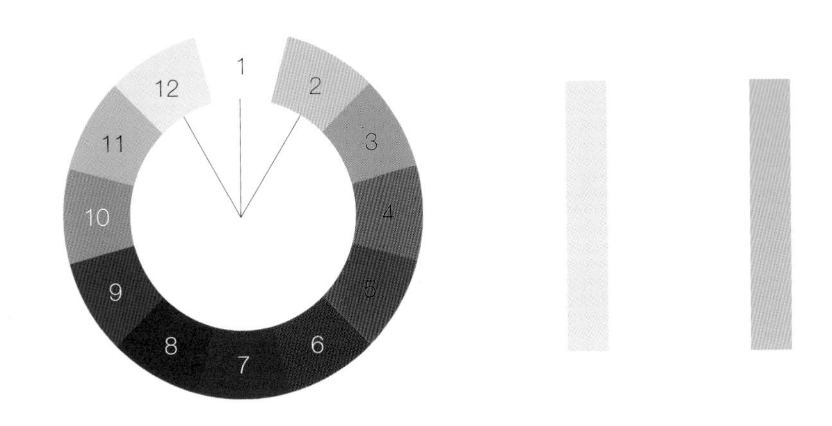


## 4. 中差色

12色環中相差2格的2個顏色，如：紅和黃橙等。為中對比類型，效果明快、活潑、飽滿，對比既有相當力度，但又不失調和之感。

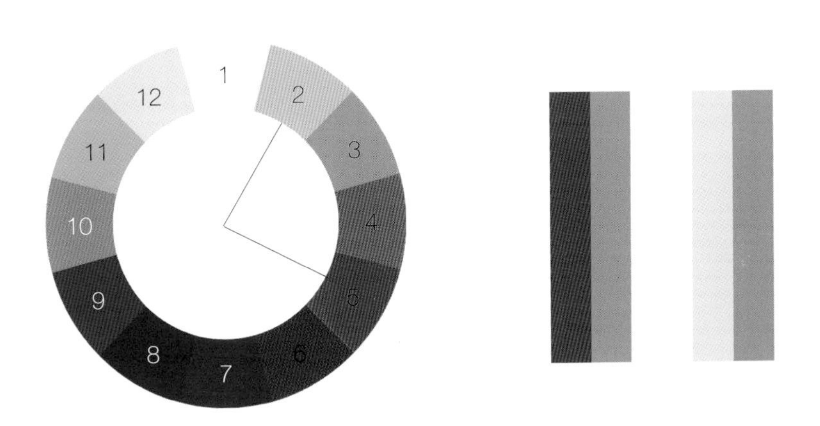


## 5. 互補色

12色環中相對的2個顏色，如紅和綠、黃和紫，為極端對比類型，效果強烈、炫目、響亮、極有力。但處理不當易給人幼稚，粗俗，不安，不協調，沒食欲的感覺。

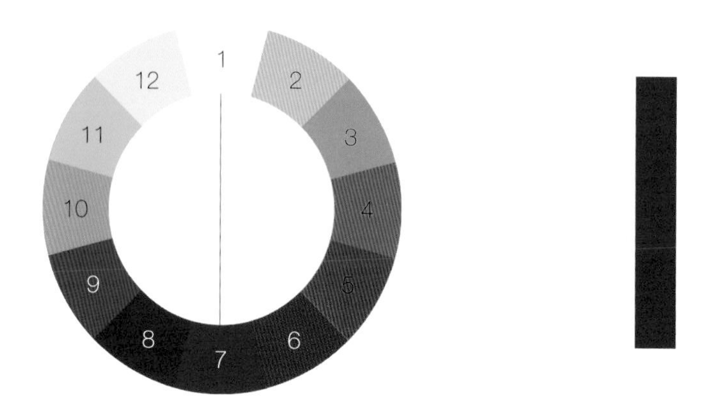


## 6. 漸變色

漸變色是指同一個顏色的不同明度，形成漸變的效果，稱為漸變色。

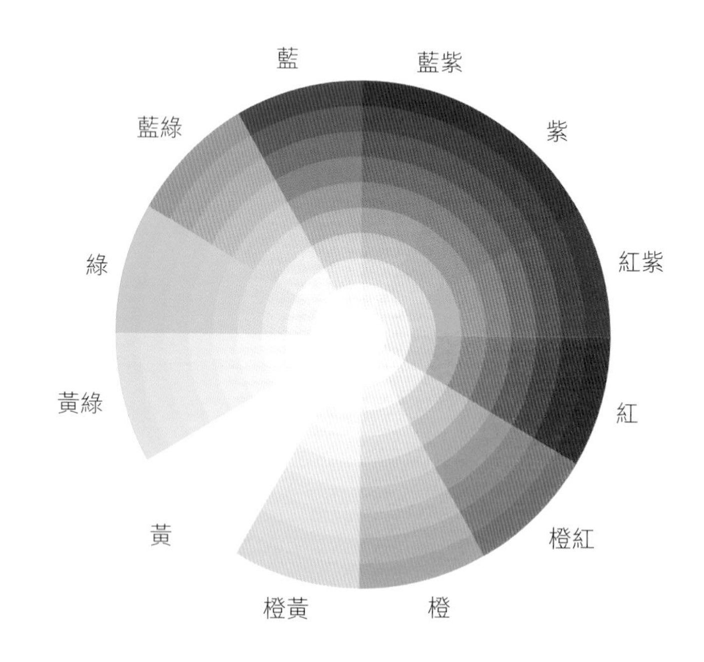

PART

# 01 蛋糕抹面方法

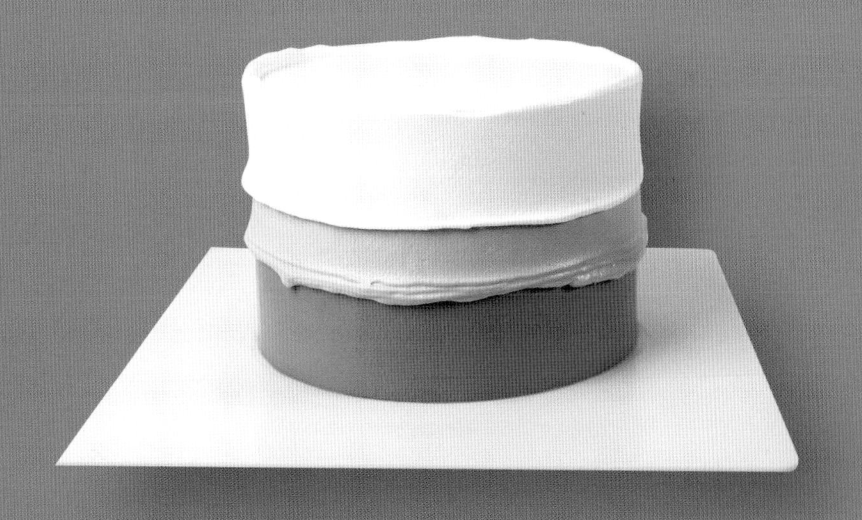

## 一、抹刀使用方式

### 1. 抹刀握持姿勢

右手食指放在刀面1/3的位置，可以調整刀的力度，大拇指放在刀面的左側，方便調整抹刀的角度，中指放在抹刀的右側，協助大拇指調整抹刀的角度。

### 2. 抹刀的角度

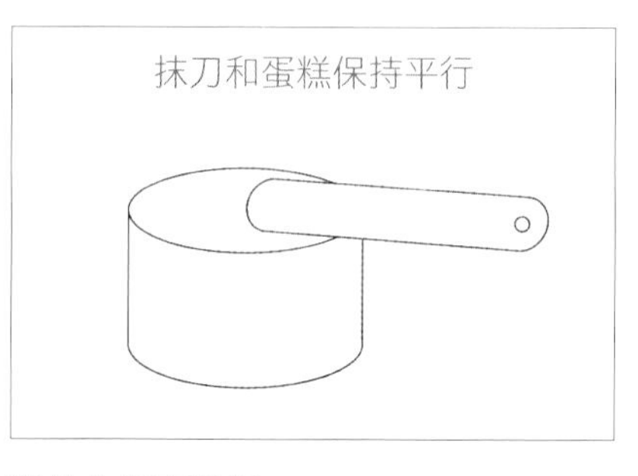


在抹蛋糕上表面的奶油時，抹刀整體和蛋糕的上表面平行。

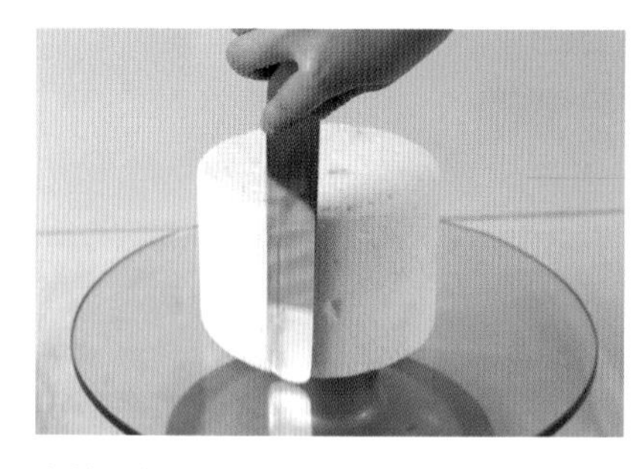

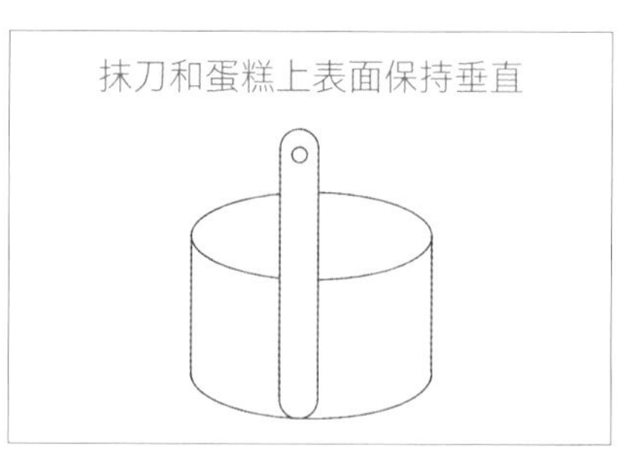


在抹蛋糕側面奶油時，抹刀和蛋糕的側面平行，與上表面垂直。

## 二、抹面小技巧

抹刀左右變換傾斜，把奶油推開。

將轉盤表面奶油抹光滑。

在抹蛋糕表面時，抹刀只有刀的一面接觸奶油，角度在30°左右，抹刀角度太大很容易把蛋糕表面的奶油刮太薄，抹刀來回推開奶油，把奶油均勻地鋪在蛋糕的表面。

蛋糕表面的奶油推開後，表面奶油不光滑，這時把抹刀刀尖放在奶油表面的中心點，刀的一面貼近奶油，傾斜30°角，不要動，轉動轉盤，奶油表面經過抹刀後表面變光滑。

抹蛋糕側面時，要少量多次地加奶油，拿奶油的量不要超過抹刀的一半，在抹側面奶油時，刀垂直於蛋糕側面，稍用力把奶油貼緊在蛋糕表面，抹刀左右抹開奶油，同時轉動轉盤配合。

拿奶油不超過抹刀的一半。

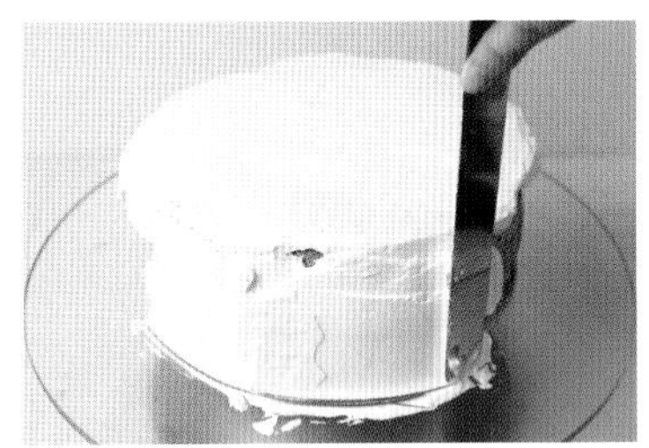

加側面奶油，左右變換傾斜，把奶油抹開。

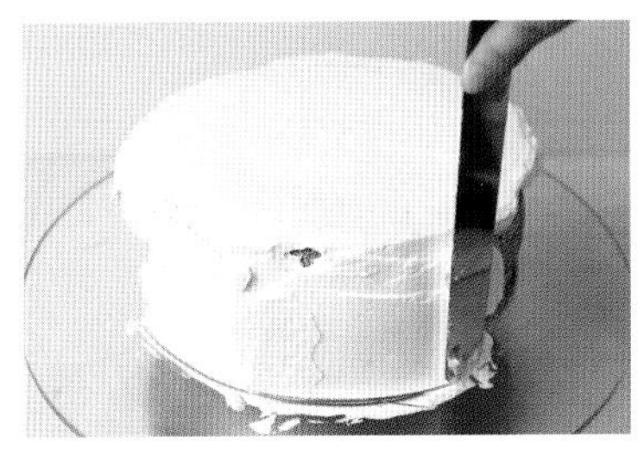

將蛋糕側面抹光滑。

抹去蛋糕表面多餘奶油，抹刀須超出蛋糕的邊緣，並貼緊奶油表面。

# 三、常用胚型的抹面方法

## 直胚蛋糕夾心方法及抹面技巧

1 把蛋糕分成厚度均勻的3等份，一個手輕輕地放在蛋糕的表面，另一個手拿鋸齒刀，保持鋸齒刀平直，來回拉鋸，把蛋糕分割成片狀。

2 蛋糕體放在轉盤的正中間，位置放偏的話會導致奶油厚度不均勻，用抹刀刀尖把奶油往蛋糕邊緣推開，奶油須超出蛋糕的邊緣2公分左右，中間的奶油厚度0.5公分左右。

3 將水果鋪平，水果不要超出蛋糕的邊緣，在水果的表面加一層薄薄的奶油，把側面多餘的奶油收到與蛋糕的邊緣一致，把夾心也抹平整，以便加第二層的蛋糕體。

4 第二層水果用同樣的操作方法，最後蓋上第三層蛋糕體。夾心製作完成後，需要檢查蛋糕體是否疊放整齊，表面是否平整，有問題及時調整。

1

2-1

2-2

3-1

3-2

4

5 在蛋糕表面放上奶油，注意刀和蛋糕體保持在同一水平線上，抹刀來回轉動，推動奶油，同時轉動轉盤，讓奶油覆蓋整個蛋糕的表面，再把刀尖放在蛋糕的中心點不動，轉動轉盤，把蛋糕的表面刮光滑。

5-1

5-2

5-3

6 用刀尖少量多次地把奶油加在蛋糕的側面，每次拿奶油不超過抹刀的一半，刀面一側傾斜，刀身和蛋糕上表面保持垂直，左右轉動轉盤，把奶油儘量刮光滑，轉盤左右轉動的同時要注意抹刀也要變換，轉盤往左邊轉動時，抹刀往右邊傾斜，轉盤往右邊轉動時，抹刀往左邊傾斜。

7 把抹刀垂直於蛋糕側面，抹刀一面貼緊奶油，抹刀不動，轉動轉盤，把奶油表面刮光滑。

8 用抹刀刀面把蛋糕表面多餘奶油往蛋糕中心點收平。

9 抹刀刀尖放在蛋糕3點鐘方向，轉動轉盤，抹刀一面貼緊奶油表面，一直保持相同的動作，抹刀不能離開蛋糕表面，在一刀收的整個過程中，轉盤保持轉動，刀尖往中心點方向移動，抹刀移動到中心後，抹刀慢慢離開蛋糕表面。

10 抹好的直胚蛋糕，表面光滑，側面與表面垂直。

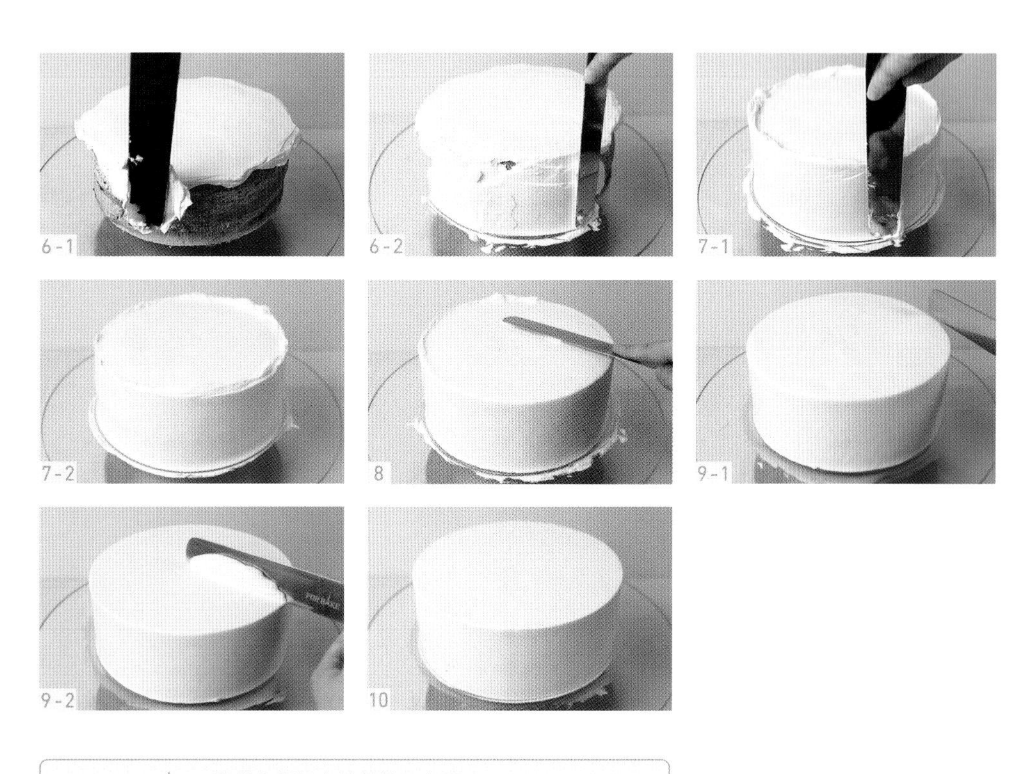
6-1 6-2 7-1 7-2 8 9-1 9-2 10

| 關鍵點 | 1. 蛋糕必須放在轉盤的正中間。<br>2. 抹刀傾斜的方向和裝盤轉動的方向是相反的。 |
| --- | --- |

## 心形蛋糕整型方法及抹面技巧

1 在做好夾心的直胚蛋糕表面用鋸齒刀淺劃「十」字作印記。
2 將刀落在「十」字相鄰的2個端點，進行切割。以相同的方法切割出1條相鄰的直邊。
3 切下來的蛋糕體，填補在蛋糕體的另外一側，注意左右兩邊要對稱。

1-1 1-2 2 3

4 在蛋糕填補一側的中間點切下三角形，形成心形蛋糕體的凹槽部分，完成心形蛋糕體的整型。
5 從蛋糕體的尖角部分開始加奶油，奶油多加一些，超出尖角的邊緣，再慢慢邊加奶油邊將奶油抹到蛋糕的直邊部分，抹直邊部分不需要轉轉盤。
6 另一邊也是一樣從尖角位置開始加奶油，抹到心形蛋糕體弧形位置須轉動轉盤配合，抹刀左右推動奶油。
7 將奶油抹到心形蛋糕體的凹槽位置，用抹刀的刀面，貼緊凹槽位置，把多餘的奶油刮掉，轉動轉盤配合。

4-1 4-2 5-1 5-2 6 7

8 蛋糕側面抹好奶油後，加奶油覆蓋蛋糕體的上表面，刮光滑，用抹刀收掉側面多餘奶油，把表面多餘奶油往蛋糕中心點收平。

9 用軟刮片的一邊貼緊蛋糕的表面，把表面多餘的奶油刮光滑。

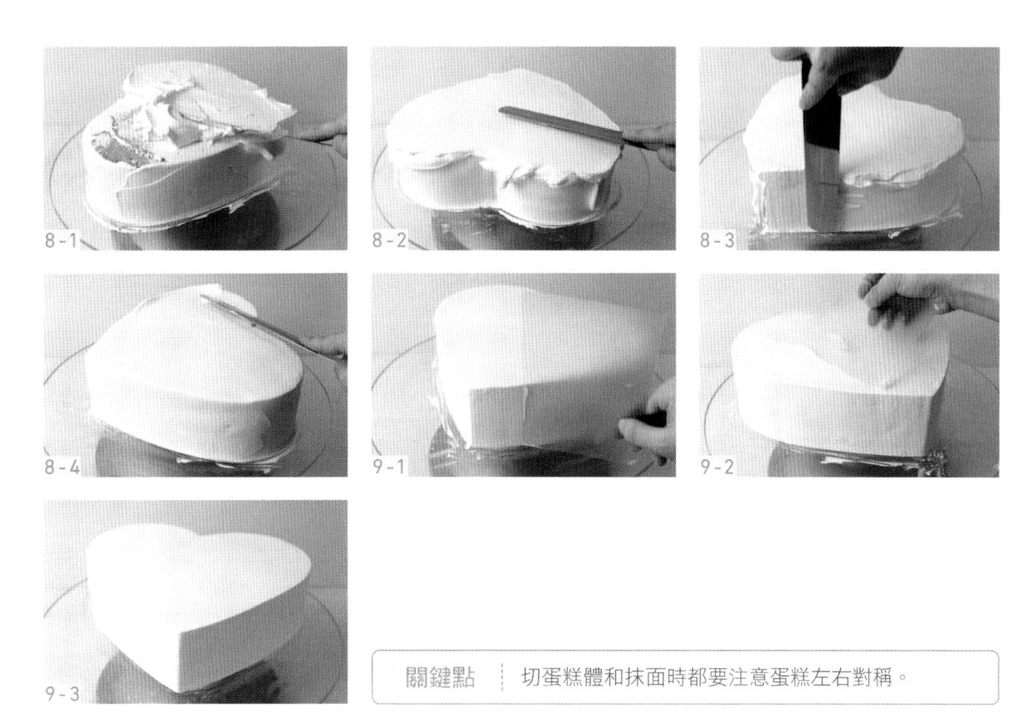


關鍵點 ┊ 切蛋糕體和抹面時都要注意蛋糕左右對稱。

## 方形蛋糕整型方法及抹面技巧

操作步驟

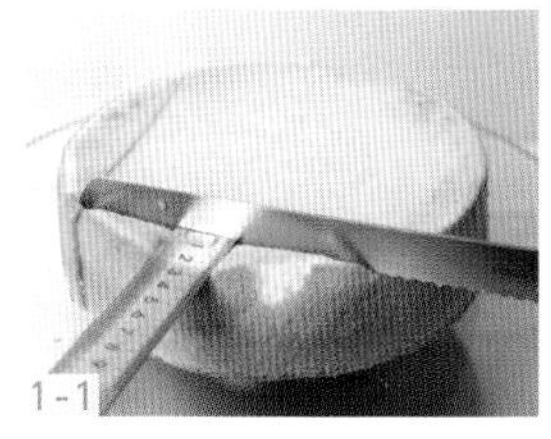

1 準備一個8寸的蛋糕體，用尺子在蛋糕半徑的位置測量出2公分的邊緣，把4個邊緣的蛋糕體進行切割。

2 將切割好的蛋糕體切成3等份，做好夾心。

3-1

3-2

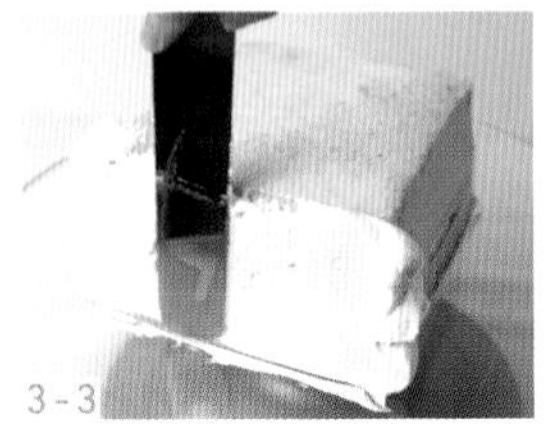
3-3

4-1

4-2

5-1

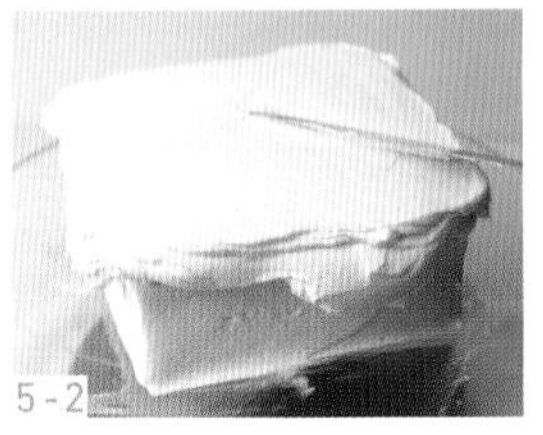
5-2

6-1

3. 方形蛋糕從尖角部分開始加奶油抹面，奶油須超出尖角部分，抹到一個邊的中間點即可，同一個邊要從另外一個尖角開始抹奶油，保證尖角位置不要露出蛋糕體，在抹邊的過程，不需要轉動轉盤。
4. 把4個邊都均勻抹上奶油後，用乾淨的抹刀把4個角的多餘奶油刮掉，每次抹尖角位置，都要保證抹刀是乾淨的，同時抹刀要超出尖角邊緣。
5. 向上表面加奶油，用抹刀來回推動，再把抹刀放在中心點不動，轉動轉盤，把表面奶油刮光滑，表面的奶油要超出邊緣位置2公分左右。
6. 再抹一次側面奶油，把表面多餘的奶油刮掉，刀尖放在蛋糕的中心點，刀不動，轉動轉盤，把表面奶油抹光滑。
7. 用尺子把側面多餘奶油刮掉，做這一步的時候一定要少量多次地刮奶油，避免露出蛋糕體。
8. 用軟刮片把蛋糕表面的奶油刮光滑，注意刮片要保持垂直，分多次刮，刮片的一面貼緊奶油，用力均勻，力氣太大會把側面的奶油刮到蛋糕的表面。
9. 做好的方形蛋糕體，邊長一致，側面垂直，表面光滑。

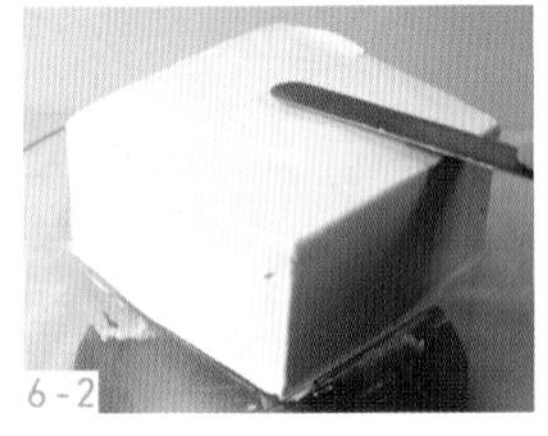
6-2

6-3

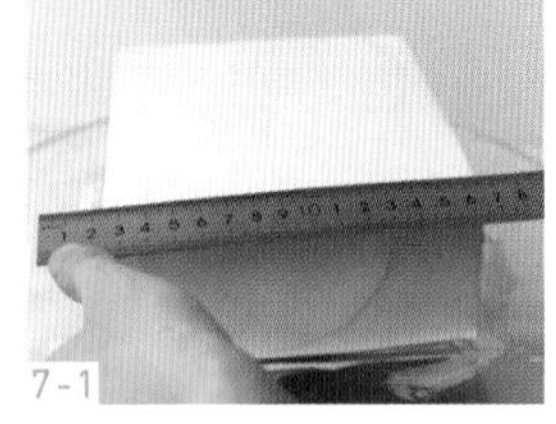
7-1

7-2

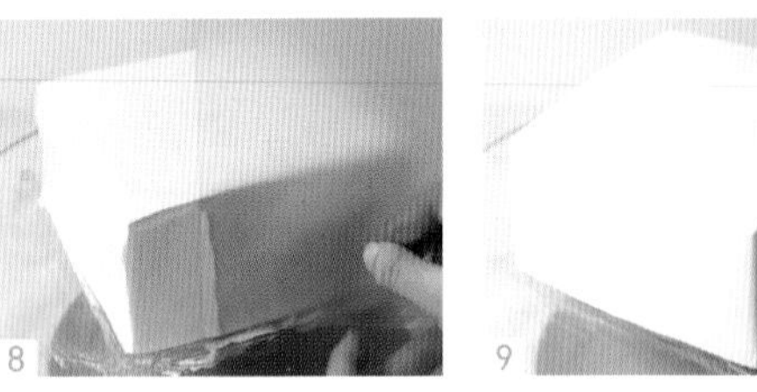
8

9

**關鍵點**

1. 抹方形蛋糕體是不需要轉動轉盤的。
2. 用尺子壓邊再抹光滑，可以更好地修正形狀。

## 弧形蛋糕整型方法及抹面技巧

操作步驟

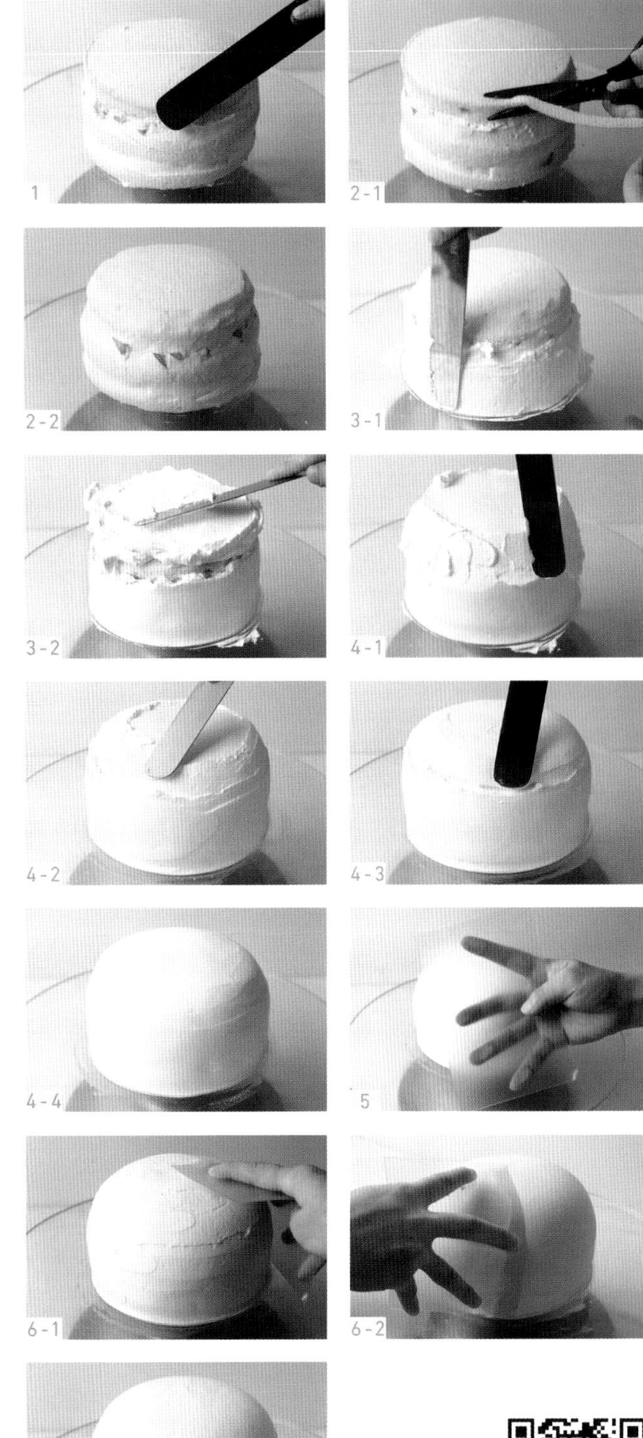

1 圓型蛋糕做好夾心，用抹刀刀尖把蛋糕的邊緣往下壓，形成中間凸起的形狀。
2 用剪刀修剪掉蛋糕邊緣，蛋糕的上半部分呈圓弧形。
3 用刀尖取奶油，左右轉動轉盤把奶油抹在蛋糕側面，再用奶油抹蛋糕表面。
4 用抹刀刀尖抹蛋糕的邊緣位置，調整好抹刀的角度，反覆多次修正弧形部分的奶油，力度不要太大，一點一點把多餘奶油修平整，蛋糕大致呈弧形即可。
5 選用塑膠軟刮片，長度以頂部中心點到蛋糕的底部長度為準，寬度為6公分左右手指比較好用力，使用刮片時，用虎口夾住刮片，大拇指控制刮片的弧度，食指控制蛋糕的上表面，中指控制蛋糕的中間部分，無名指和小拇指控制蛋糕的底部。
6 刮片和蛋糕表面呈45°夾角，可以根據需要的蛋糕形狀進行調整，刮片的邊緣位置控制好在蛋糕的中心點，刮片貼緊奶油不動，轉動轉盤，直到奶油的表面光滑。
7 弧形蛋糕製作完成。

| 關鍵點 | 用刮片時，只需要刮片的邊緣位置輕輕貼緊奶油，刮片固定在蛋糕3點鐘的位置保持不動，轉動轉盤，即可把蛋糕抹光滑。 |
| --- | --- |

## 加高蛋糕打樁方法及抹面技巧

| 關鍵點 | 做好夾心的蛋糕體冷凍定型後再加奶油抹面，蛋糕不容易變型。 |
| --- | --- |

**操作步驟**

1 在蛋糕盒的中間位置戳一個洞，準備一根吸管，將吸管的一端剪成傘狀。
2 在蛋糕盒戳洞的位置，打上熱熔膠，放入吸管，固定後，用糖皮把吸管底部封住，避免蛋糕體和熱熔膠接觸。
3 蛋糕盒底部抹上奶油，蛋糕體切成片狀，固定好蛋糕體，蛋糕中間放入奶油和果醬作夾心。
4 蛋糕體夾心要注意疊加整齊，整體與轉檯垂直，蛋糕夾心做好後，剪掉多餘的吸管。

1-1

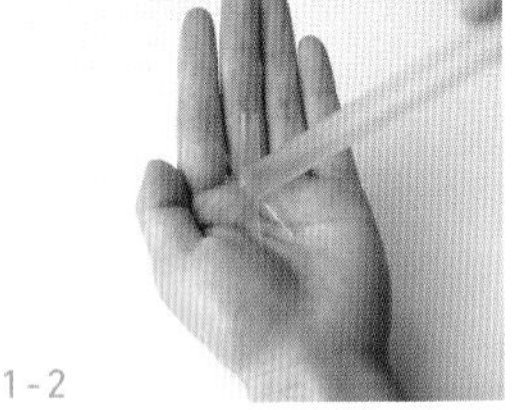
1-2

2-1

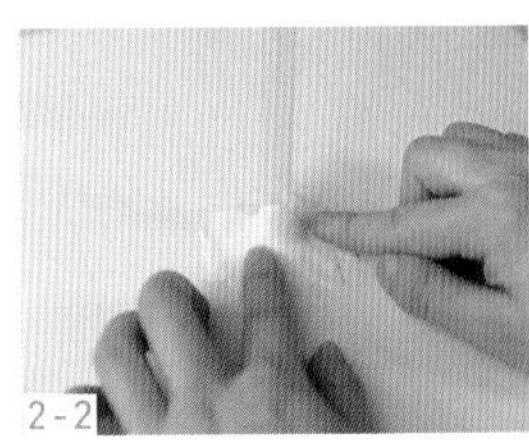
2-2

3-1

3-2

3-3

4

5 如果想加固蛋糕，可以在蛋糕的外層再圍一整片蛋糕體，包裹住已經做好夾心的蛋糕體，用這個方法要注意蛋糕的尺寸，如果成品是6寸的蛋糕，那就用4寸的蛋糕體做夾心。
6 蛋糕較高，先抹蛋糕下半部分的奶油，再抹蛋糕的上半部分的奶油，注意抹刀要垂直於轉檯。
7 加奶油覆蓋住蛋糕的上表面，奶油要超出蛋糕的側面2公分左右。

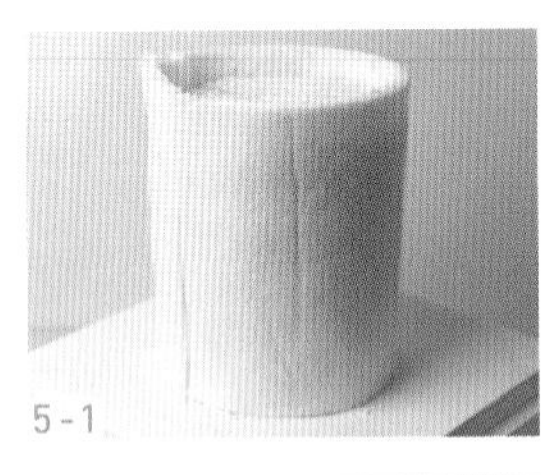
5-1

5-2

5-3

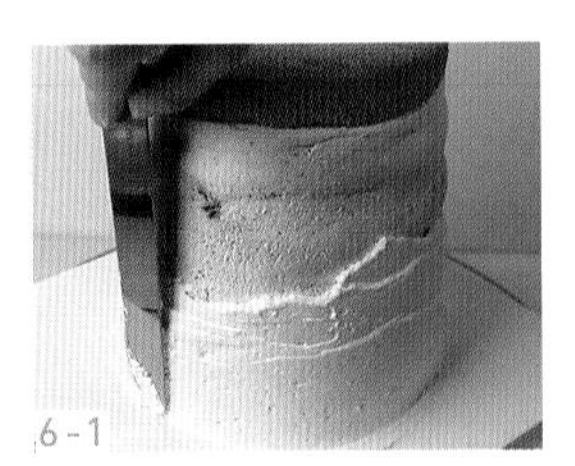
6-1

6-2

7-1

7-2

8 使大刮片和轉檯保持垂直的狀態，刮片放在蛋糕的3點鐘方向，刮片的一面貼緊奶油不動，刮片與蛋糕的角度在30°左右，逆時針轉動轉盤，直到奶油表面光滑為止。
9 把表面多餘奶油向蛋糕的中心點收，再立起刮刀，轉動蛋糕把表面修光滑。

8-1

8-2

9-1

9-2

9-3

## 四、常用蛋糕奶油上色方法

### 雙色抹面方法

操作步驟

1 用裱花袋裝好兩個顏色的奶油，剪小口，把彩色奶油擠在抹好奶油的蛋糕體上，注意奶油厚度均勻，不要有縫隙。
2 把蛋糕的表面抹光滑，再抹蛋糕的側面。
3 收平表面多餘奶油，立起刮刀把蛋糕表面修光滑。

| 關鍵點 | 在抹好奶油的蛋糕上再加有顏色的奶油，可以避免色素直接接觸蛋糕。在給奶油上色的過程中，要注意，調好顏色的奶油須和抹面的奶油軟硬一致或比抹面的奶油更軟一些，避免抹好的奶油脫落。 |
| --- | --- |

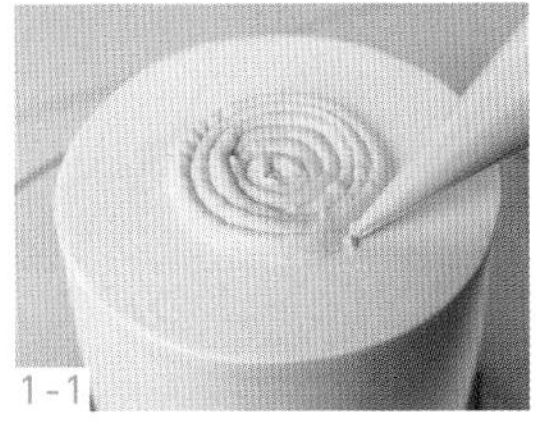
1-1

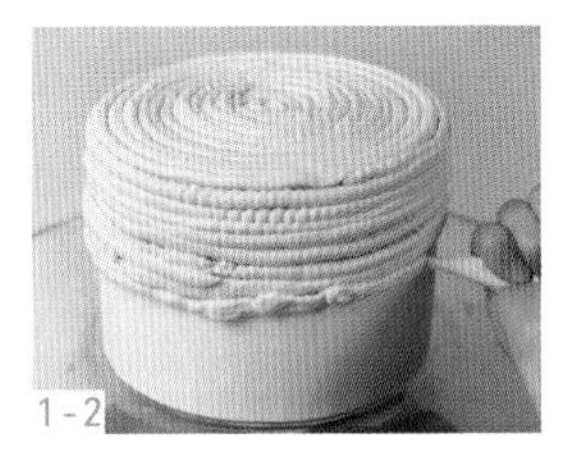
1-2

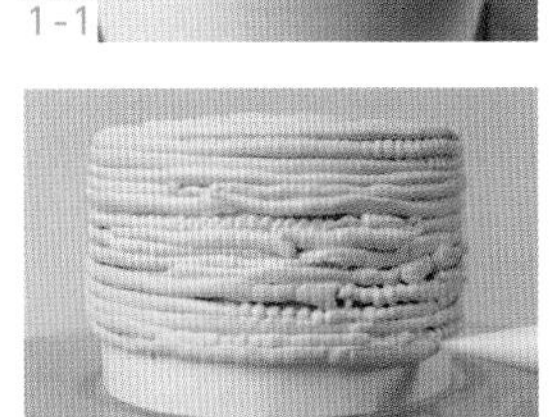
1-3

2-1

2-2

2-3

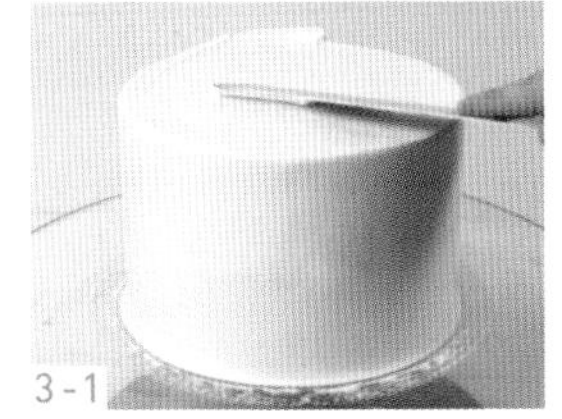
3-1

3-2

3-3

## 斷層抹面方法

操作步驟

1. 調好顏色的奶油用裱花袋裝好，擠在抹好奶油的蛋糕上，用抹刀刀尖抹光滑。
2. 擠第二個顏色的奶油，用抹刀刀尖抹光滑。
3. 擠第三個顏色的奶油，用抹刀刀尖抹光滑。

| 關鍵點 | 在抹好奶油的蛋糕上再加有顏色的奶油，可以避免色素直接接觸蛋糕。在給奶油上色的過程中，要注意，調好顏色的奶油須和抹面的奶油軟硬一致或比抹面的奶油更軟一些，避免抹好的奶油脫落。 |
| --- | --- |

1-1

1-2

2-1

2-2

3-1

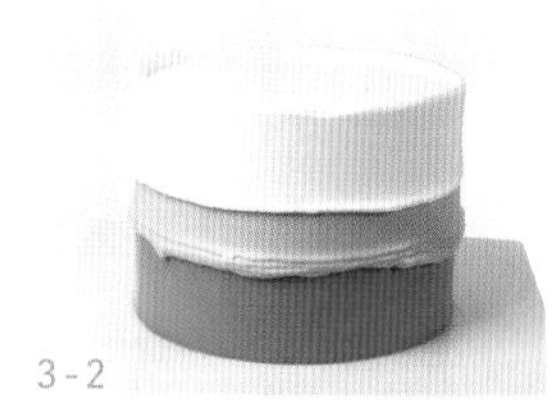
3-2

## 奶油暈色方法

操作步驟

1. 在抹好奶油的蛋糕表面，擠2到3個顏色的奶油，注意顏色要錯開。
2. 用抹刀把擠好顏色的奶油抹光滑。

| 關鍵點 | 1. 在用有顏色的奶油時，奶油的硬度要與抹面的奶油的硬度一致。<br>2. 在做奶油暈色時，需要抹好胚之後馬上進行上色，避免抹面的奶油表面變幹，上色時不光滑。 |
| --- | --- |

1

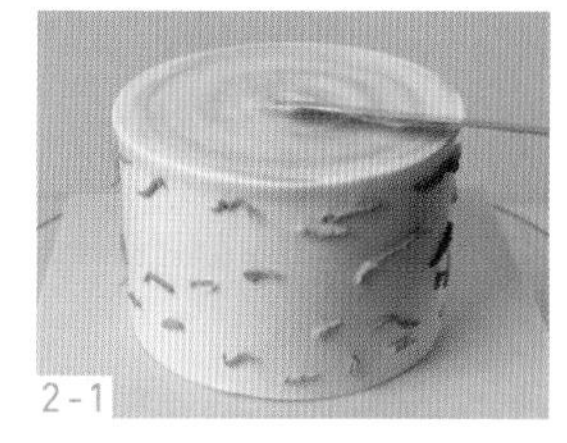
2-1

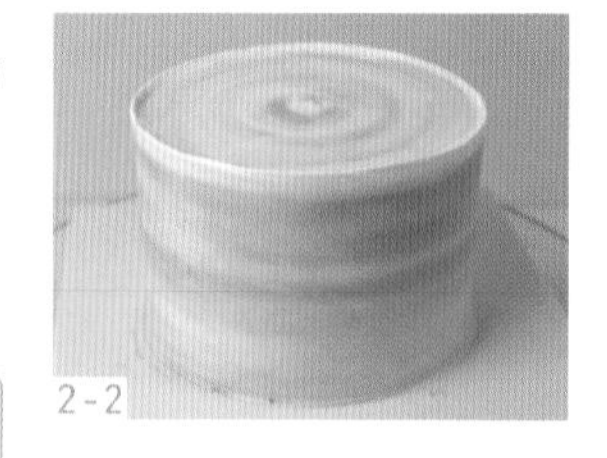
2-2

PART

# 02 蛋糕花邊製作

## 一、常用花嘴的使用

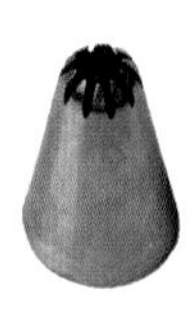
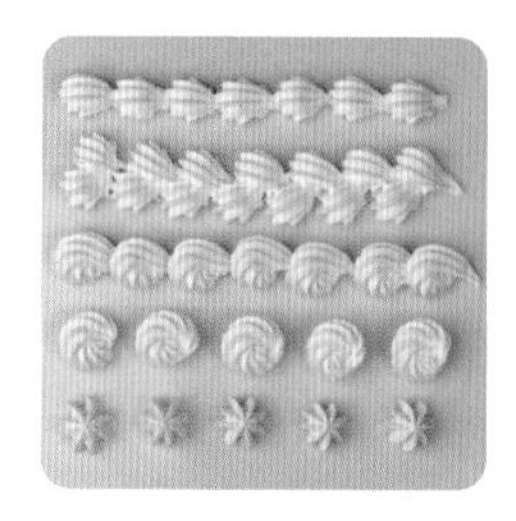

圓鋸齒嘴：圓鋸齒嘴有均勻的鋸齒狀花紋，同樣大小的花嘴，花嘴的鋸齒越多，擠出來的花邊花紋越密。

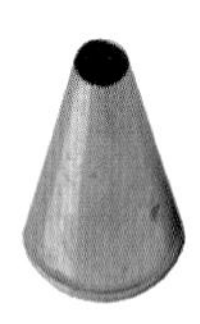
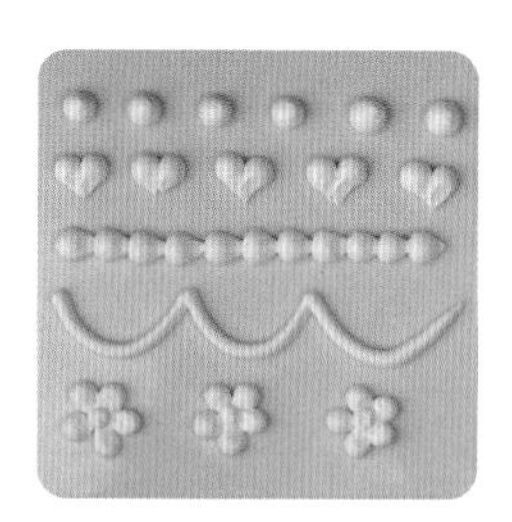

圓嘴：圓形花嘴裱花邊的表面更光滑，圓嘴也有不同大小的型號，可用於製作動物的身體。

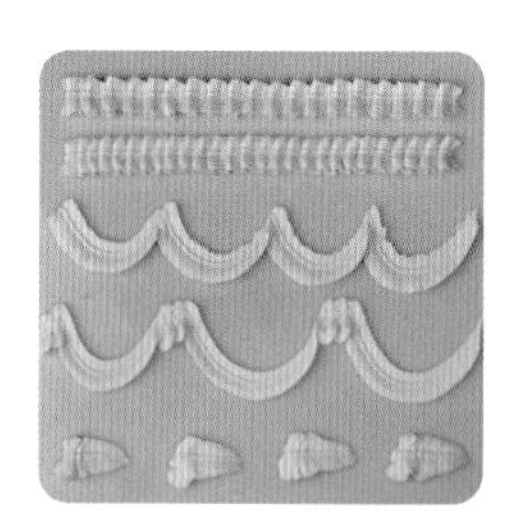

葉形花嘴：葉形花嘴因擠出來的花邊形似葉子而得名。

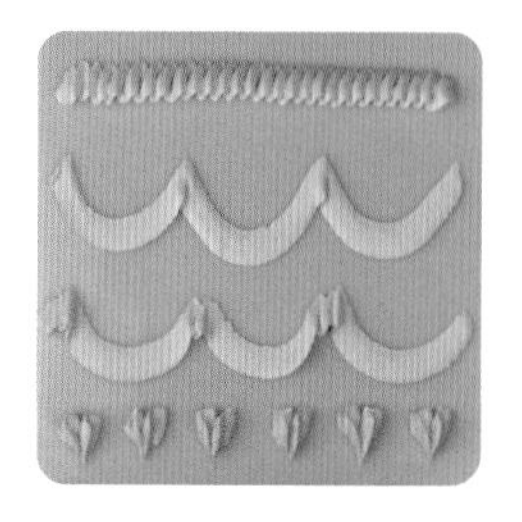

一字花嘴：常用的103號、104號、124號等花嘴，都屬於一字花嘴，一字花嘴，不僅可以製作花邊，也可以製作花卉。

## 二、常用花邊製作手法和角度

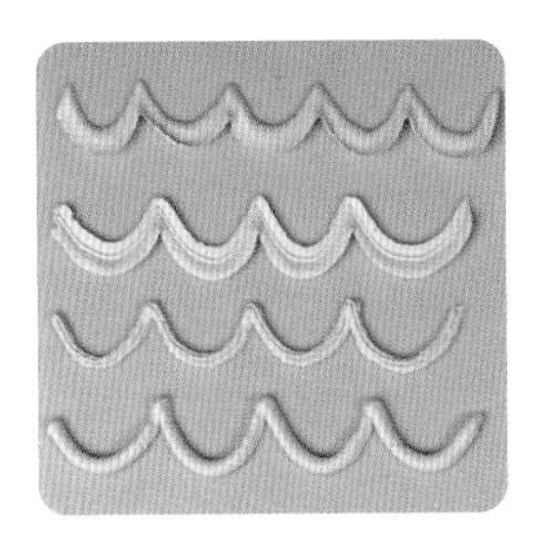

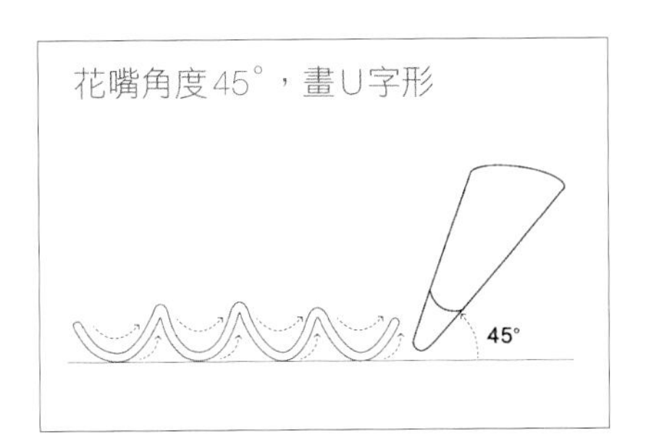


繞邊：將花嘴貼在底座上，手捏緊裱花袋，邊擠奶油，手邊畫U字形，花邊形成弧形。

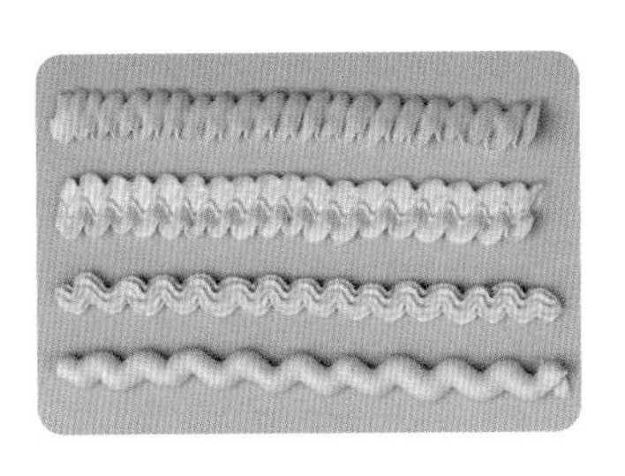

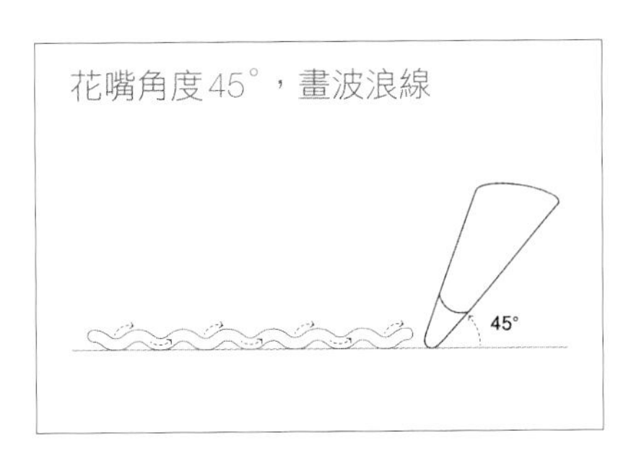


抖邊：將花嘴貼在底座上，手捏緊裱花袋，邊擠奶油，手邊畫波浪線（～），花邊形成抖紋。

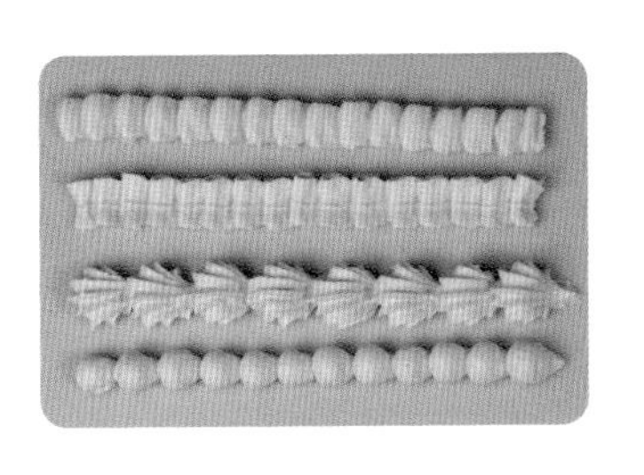

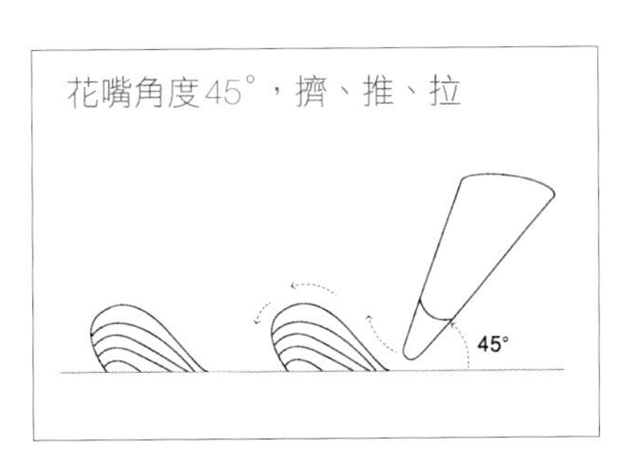


擠、推、拉：將花嘴貼在底座上，手捏裱花袋，擠奶油，花嘴再離開底座，往左邊推動花嘴，花邊折疊，花嘴再往右邊拉，減少使力，形成花邊。

在花邊裝飾過程中，擠在蛋糕不同位置需要用不同的角度。

以貝殼邊為例：

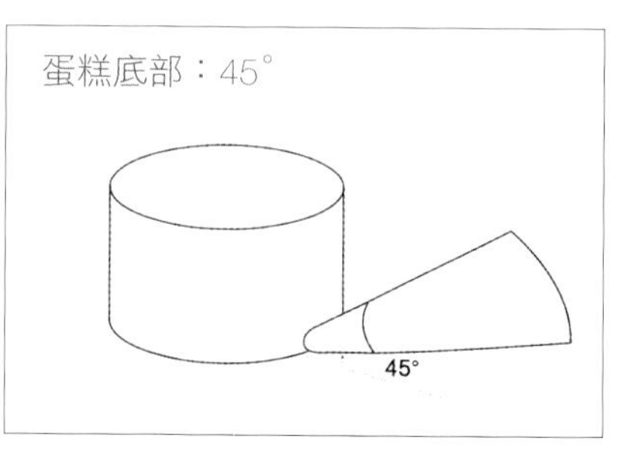


花邊裝飾在蛋糕底部，花嘴和蛋糕呈45°角，花嘴口對著蛋糕和底座之間。

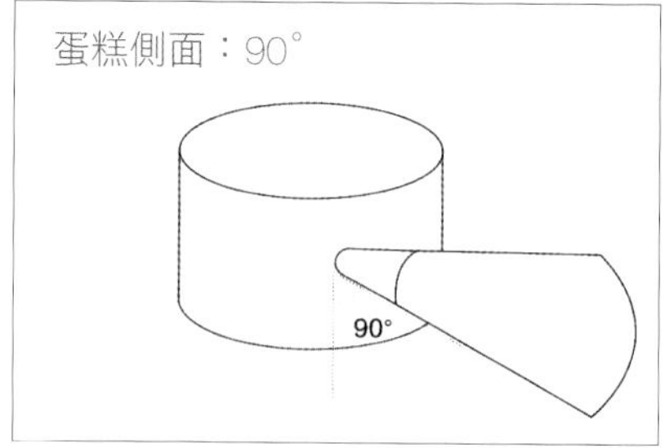


花邊裝飾在蛋糕側面，花嘴和蛋糕呈90°角，花嘴口正對著蛋糕的側面。

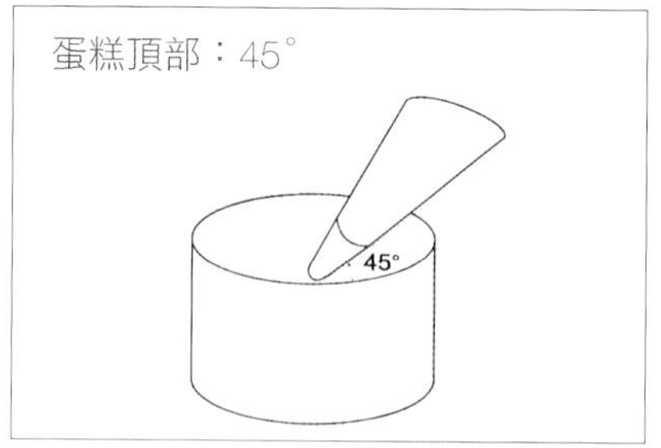


花邊裝飾在蛋糕的表面，花嘴和蛋糕呈45°角，花嘴口傾斜對著蛋糕的表面。

## 三、常用花邊搭配組合

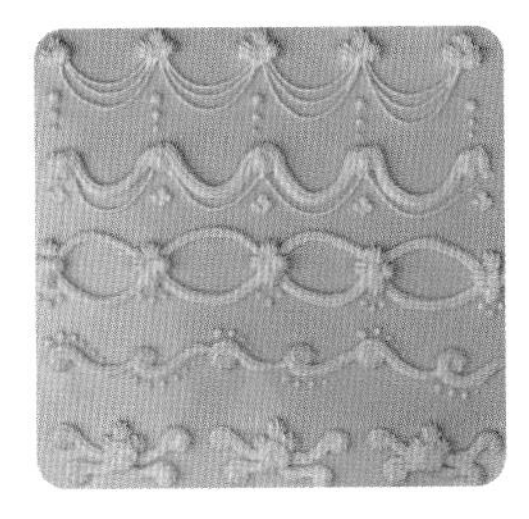

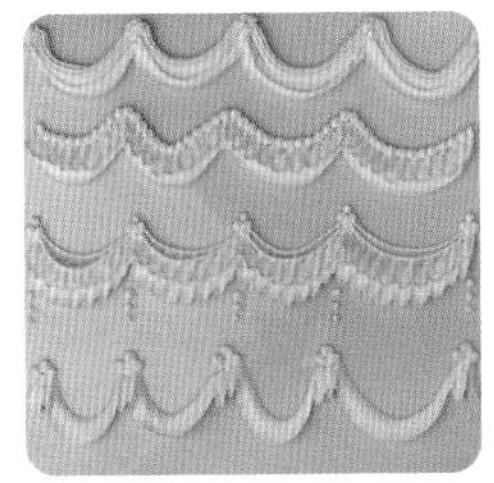

## 四、常用花邊製作方法

### 貝殼邊

中號8齒花嘴，在剪裱花袋的時候要注意花嘴的鋸齒部分要全部露出來。

操作步驟

1 花嘴和底板呈45°角。
2 花嘴貼緊底座，擠出0.3公分左右的奶油。
3 花嘴繼續擠奶油，同時把花嘴抬起來往左邊推動0.5公分，花邊形成圓弧形。
4 花嘴繼續擠奶油，同時花嘴回歸到最開始的位置，減小用力，慢慢拖出尾巴。

5 在距離第一個花邊0.3公分的位置，同樣的方法擠第二個花邊。
6 注意大小均勻，貝殼花邊就擠好了。

5

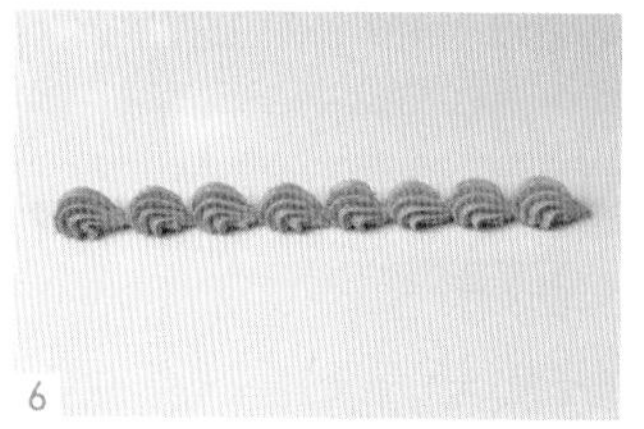
6

| 關鍵點 | 貝殼邊常用於水果蛋糕、卡通手繪蛋糕、復古花邊蛋糕、私房裝擠蛋糕的裝飾。 |
| --- | --- |

## 曲奇玫瑰

工具

操作步驟

中號8齒花嘴。

1 花嘴垂直於底座。
2 花嘴緊挨著底座擠出1個圓點。
3 花嘴繼續擠奶油，離開底座0.3公分左右，往右畫圈。
4 圍著圓點轉一圈，到收尾的位置，擠奶油的力氣減小。
5 曲奇玫瑰花邊就擠好了。

| 關鍵點 | 裱花邊的過程中，花嘴不能往下壓，避免花紋不清晰。 |
| --- | --- |

1

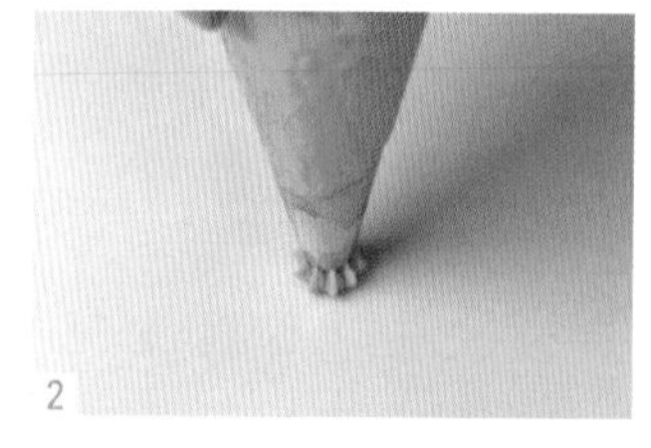
2

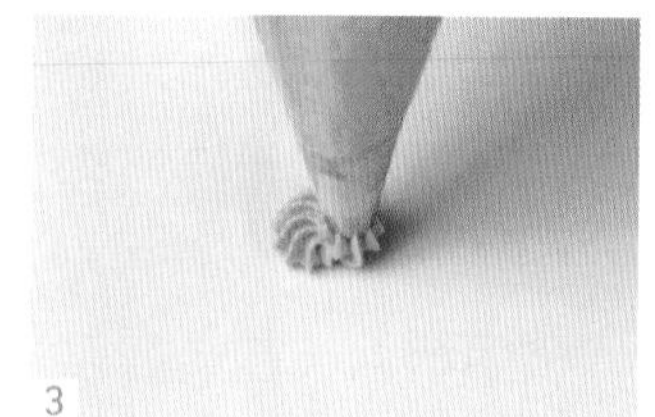
3

4

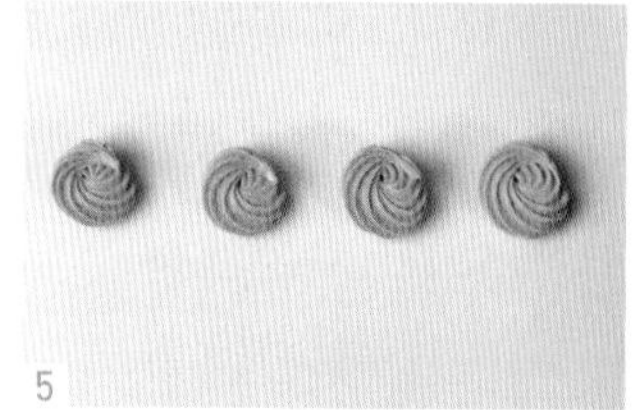
5

## 星星邊

中號8齒花嘴。

操作步驟

| 關鍵點 | 星星邊常用於擠蛋白霜，水果蛋糕、卡通蛋糕表面裝飾。 |
| --- | --- |

1 用裱花袋裝奶油，花嘴垂直懸空於底座的表面。
2 花嘴保持不動，將奶油擠到需要的大小。
3 慢慢地收力，同時花嘴慢慢往上拉出小尖角。
4 星星邊就製作完成了。

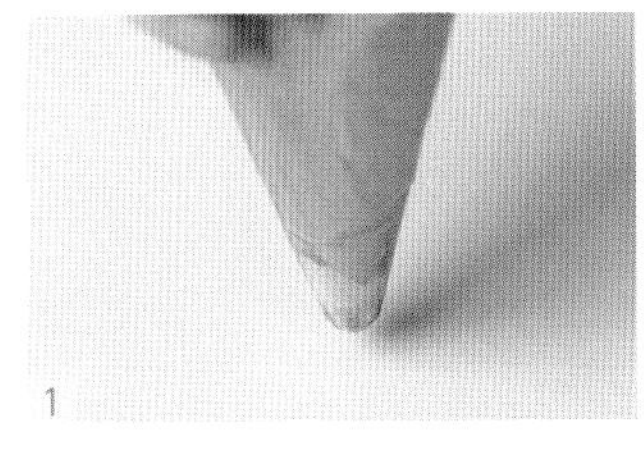


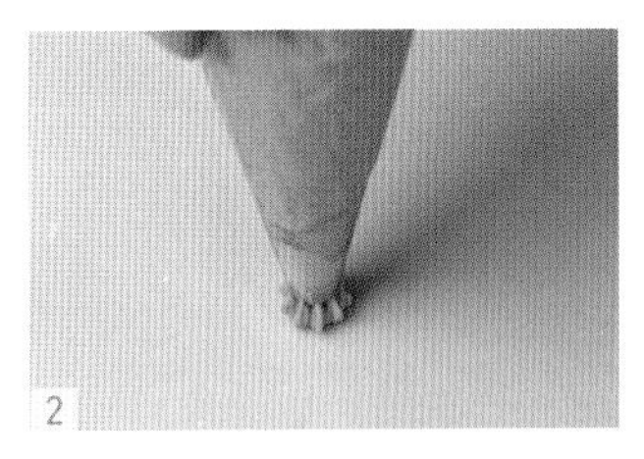


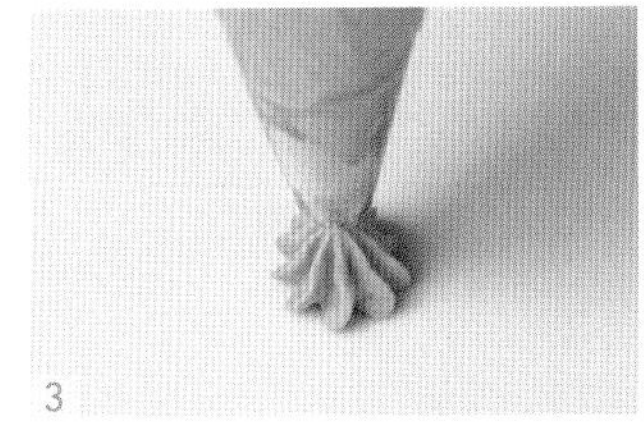

## 裙邊

104號花嘴。

操作步驟

1 花嘴和底座呈45°角，花嘴長的一端朝外，短的一端朝裡，花嘴短的一端離開底座，角度45°左右。

2 花嘴擠出奶油，一邊擠奶油一邊往右邊畫波浪線。

3 擠出連貫的一條花邊。

| 關鍵點 | 裙邊常用於卡通手繪蛋糕、復古花邊蛋糕、私房裝擠蛋糕、韓式裱花蛋糕裝飾。 |
| --- | --- |

2-1

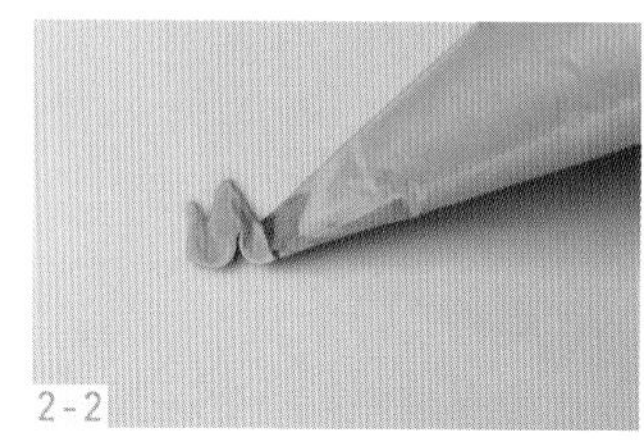

2-2

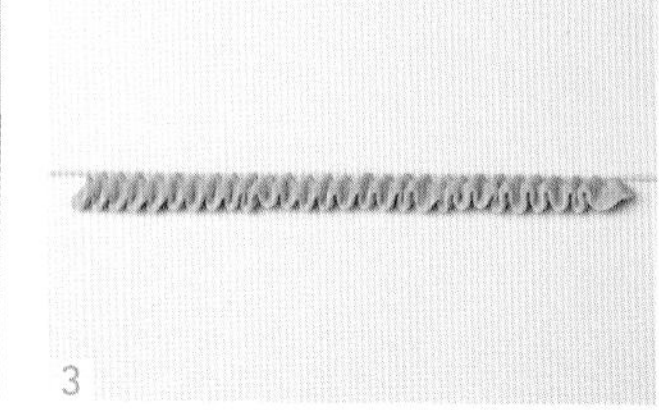

3

## 弧形邊

104號花嘴。

操作步驟

1 花嘴和底座呈45°角，花嘴長的一端朝外，短的一端朝裡，花嘴短的一端離開底座，角度45°左右。

2 擠出一點奶油後，右手往右邊畫U字形，終點和起點在同一個水平線上。

3 同樣的方法做出第二個。

4 注意每條弧形邊的寬度和高度要一致，弧形邊就做好了。

| 關鍵點 | 弧形邊常用於卡通手繪蛋糕、復古花邊蛋糕、私房裝擠蛋糕、韓式裱花蛋糕裝飾。 |
| --- | --- |

1

2-1

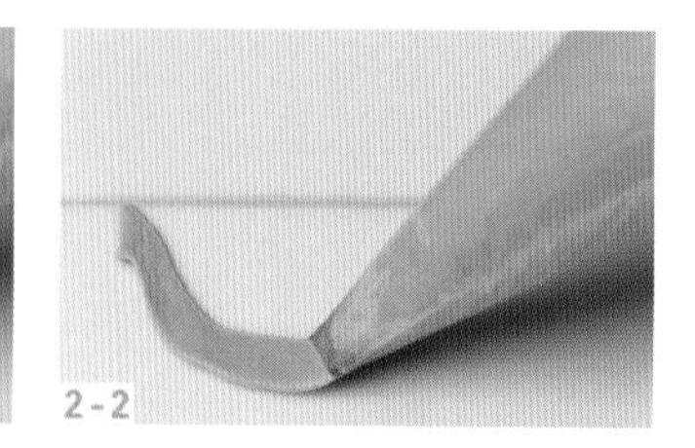

2-2

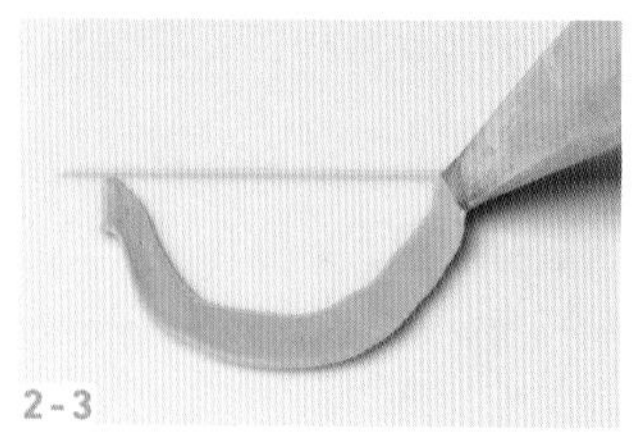

2-3

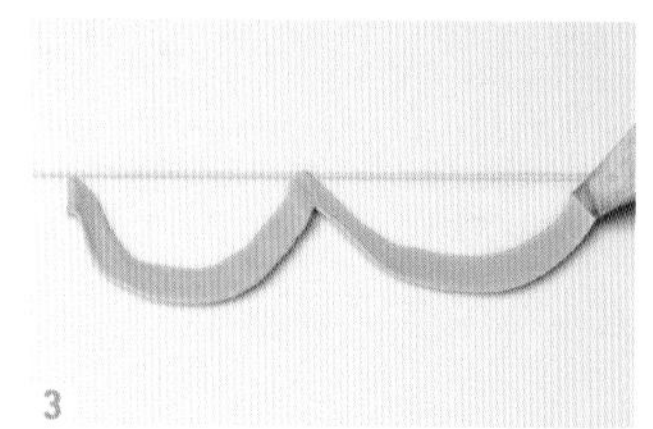

3

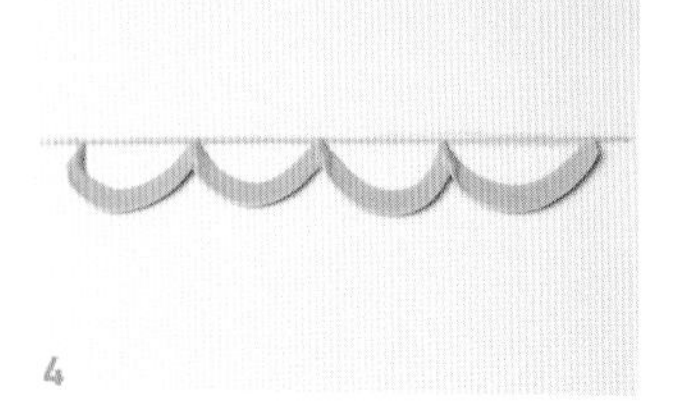

4

## 圓點邊

6號圓形花嘴。

1. 花嘴垂直於底座，定在距離底座０.３公分的位置。
2. 慢慢擠出奶油，一邊擠，花嘴一邊慢慢往上提，往上提的動作不要太快。
3. 奶油慢慢堆積形成圓形。
4. 一直持續擠奶油，直到圓點達到需要的大小。
5. 這時力氣慢慢減小，直到不用力氣，使花嘴慢慢離開花邊。
6. 注意每個圓點邊都要大小一致，圓點邊就製作完成了。

1

2

3

4

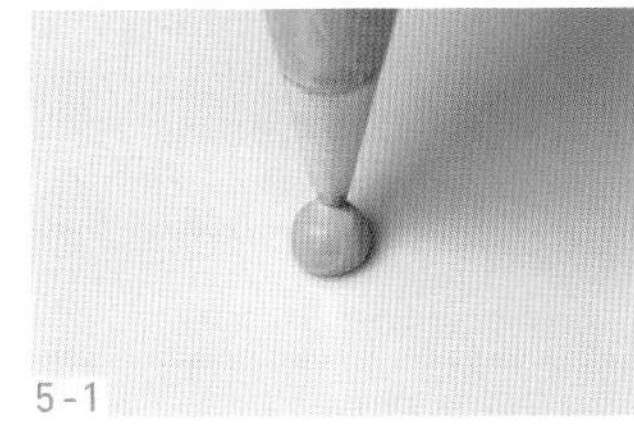
5-1

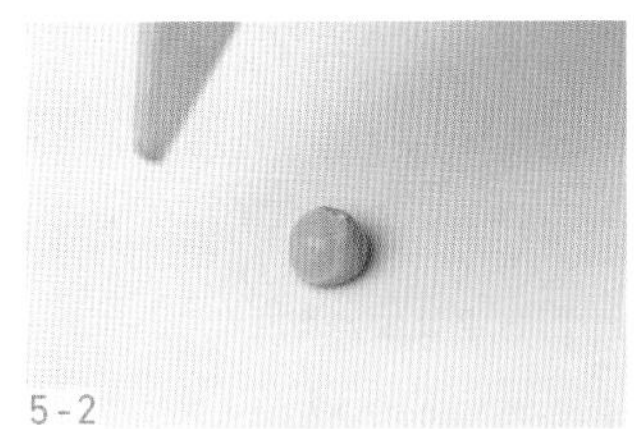
5-2

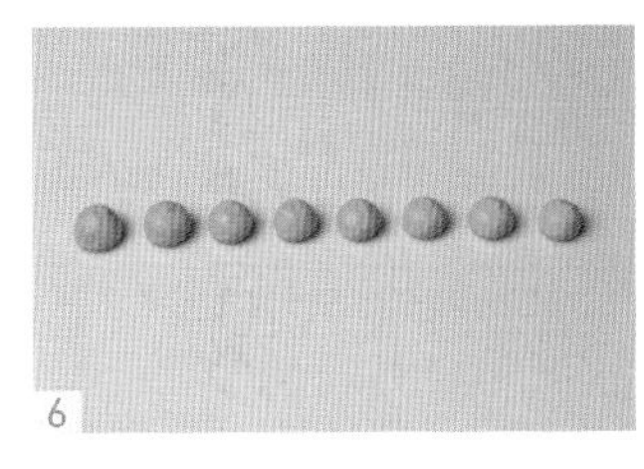
6

**關鍵點**　擠圓點邊一般用六成發的奶油，擠出來的花邊表面光滑、圓潤。

## 水滴邊

6號圓形花嘴。

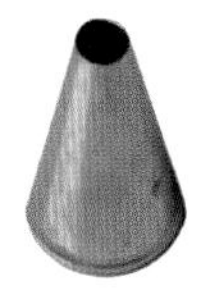

操作步驟

1. 花嘴和底座呈45°角，花嘴放在離底座0.3公分的位置。
2. 花嘴擠出一點奶油，保持不動。
3. 擠到需要的大小，花嘴開始往右移動。
4. 擠奶油的力氣收小，往右，同時花嘴慢慢貼近底座，拖出小尖尾。
5. 下一個花邊在離前面一個花邊0.3公分左右的位置開始。
6. 擠出大小均勻的一條花邊。

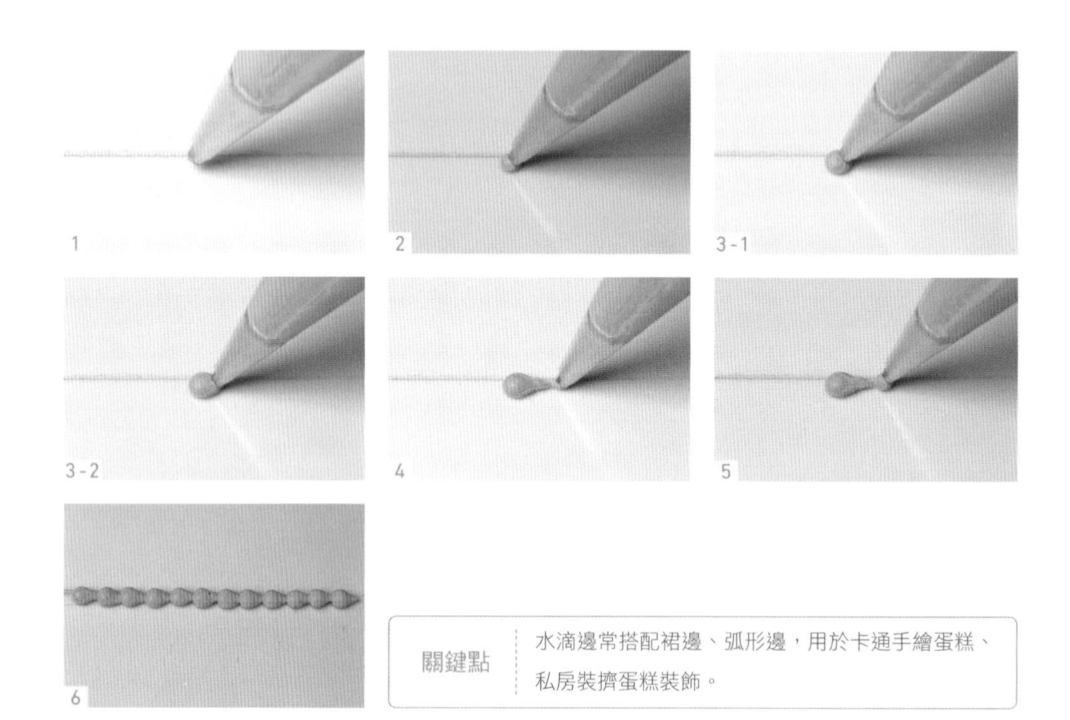


| 關鍵點 | 水滴邊常搭配裙邊、弧形邊，用於卡通手繪蛋糕、私房裝擠蛋糕裝飾。 |
|---|---|

## 褶皺邊

112號花嘴。

1 花嘴扁頭朝下，和底座呈45°角。
2 擠出一點奶油。
3 邊擠奶油，邊往右邊拖出尾巴，拖尾巴的同時力氣要慢慢收小。
4 繼續擠出奶油往左邊推和前面的花邊形成重疊，做出褶皺的效果，往左邊推動時，花嘴稍稍離開底座，裱花邊的力度不要太大。
5 做出均勻的一條花邊，褶皺邊就製作完成了。

褶皺邊常用於復古花邊蛋糕、卡通手繪蛋糕、私房裝擠蛋糕裝飾。

1

2

3

4-1

4-2

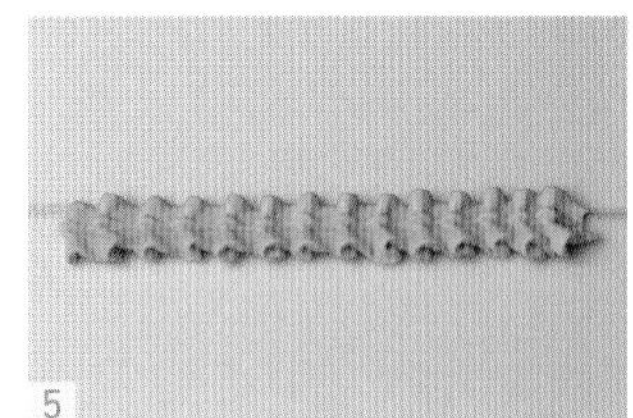
5

PART

# 03 蛋糕體製作

## 一、戚風蛋糕製作方法

# 原味戚風蛋糕

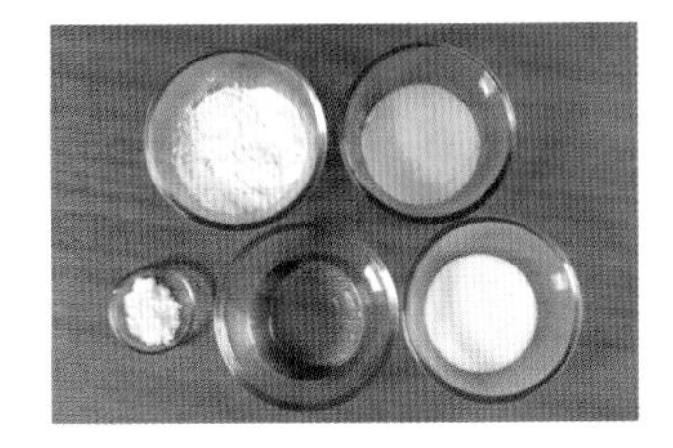

### 材料

牛奶..............45克
大豆油...........40克
低筋麵粉........50克
玉米澱粉.........6克
蛋黃..............60克
蛋白............125克
食鹽................1克
白砂糖...........40克
檸檬汁.............3克

### 操作步驟

1 將牛奶、大豆油混勻，加入低筋麵粉、玉米澱粉攪拌至無乾粉狀。
2 加入蛋黃拌勻備用。
3 將蛋白、白砂糖、食鹽、檸檬汁，倒入攪拌桶中。
4 用打蛋機中速攪拌至七成發泡即可。

5 將1/3的蛋白加入麵糊中用矽膠軟刮刀翻拌均勻。

6 拌勻後加入剩下的蛋白用翻拌手法繼續拌勻即可。

7 將蛋糕糊倒入蛋糕模具中，七分滿即可。

8 輕震排出大氣泡，放入提前預熱好的烤箱烘烤。烘烤溫度上火170℃、下火160℃，烘烤約42分鐘，至表面金黃色即可。

9 取出倒扣至冷卻架上冷卻後，脫模。

關鍵點

1. 同樣的配方加入10克的可可粉能做成可可味的戚風蛋糕。
2. 海藻糖能夠降低蛋糕的甜度，有需要可以替換部分白砂糖。

# 香草戚風杯子蛋糕

## 材料

玉米油............45克
牛奶...............65克
香草糖漿..........5克
低筋麵粉........70克
玉米澱粉..........6克
蛋黃...............65克
蛋白............135克
細砂糖...........50克
檸檬汁...........15克

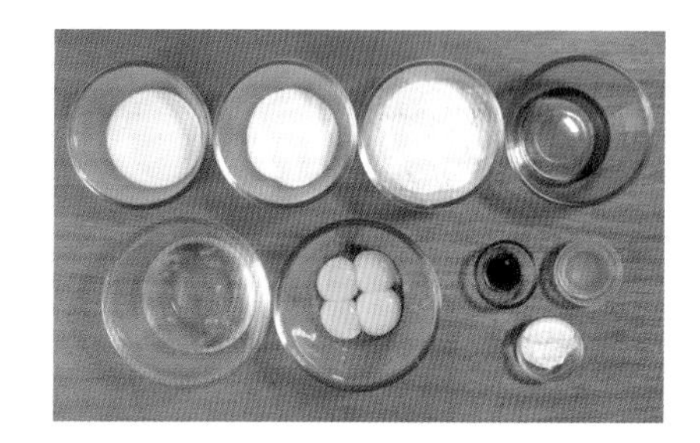

## 操作步驟

1 將玉米油、牛奶、香草糖漿放入容器中，用手動攪拌器攪拌至完全乳化。
2 加入過篩後的低筋麵粉、玉米澱粉，攪拌至無顆粒。
3 加入蛋黃攪拌均勻。

4 蛋白中加入糖和檸檬汁。

5 用電動打蛋器，將蛋白打發至七成，有小尖角的狀態。

6 將打發的蛋白分2次加入麵糊中攪拌均勻。

7 攪拌好的麵糊裝入裱花袋中。

8 將裱花袋剪出1公分左右的口，垂直懸空於蛋糕紙杯上方，保持不動擠出蛋糕糊，到紙杯七成滿即可。

9 放入提前預熱好的烤箱中烘烤，烤箱溫度上火170℃、下火145℃，烘烤32分鐘，至表面金黃色即可出爐。

關鍵點

香草糖漿可換成香草籽加入，牛奶可換成橙汁50克。

# 紅絲絨蛋糕

材料

| | |
|---|---|
| 玉米油…………50克 | 蛋黃……………81克 |
| 牛奶……………50克 | 蛋白…………169克 |
| 低筋麵粉………50克 | 細砂糖…………50克 |
| 紅絲絨濃縮液…5滴 | |

1 牛奶和玉米油用手動攪拌器混合至乳化。
2 加入過篩後的低筋麵粉，攪拌至無顆粒。
3 加入紅絲絨濃縮液，混合均勻。
4 加入蛋黃，攪拌均勻。

5 清洗乾淨的攪拌桶中倒入蛋白、細砂糖。

6 低速攪拌，中速打發至七成，蛋白拿起有雞尾狀。

7 分2次把打好的蛋白加入麵糊中，用矽膠軟刮刀攪拌均勻。

8 攪拌均勻的蛋糕糊，倒在墊好油紙的烤盤中，用刮片刮平整。

9 放入提前預熱好的烤箱中烘烤，烤箱溫度上火190℃、下火140℃，烘烤25分鐘左右，至表面金黃色即可出爐，出爐後需要震盤。

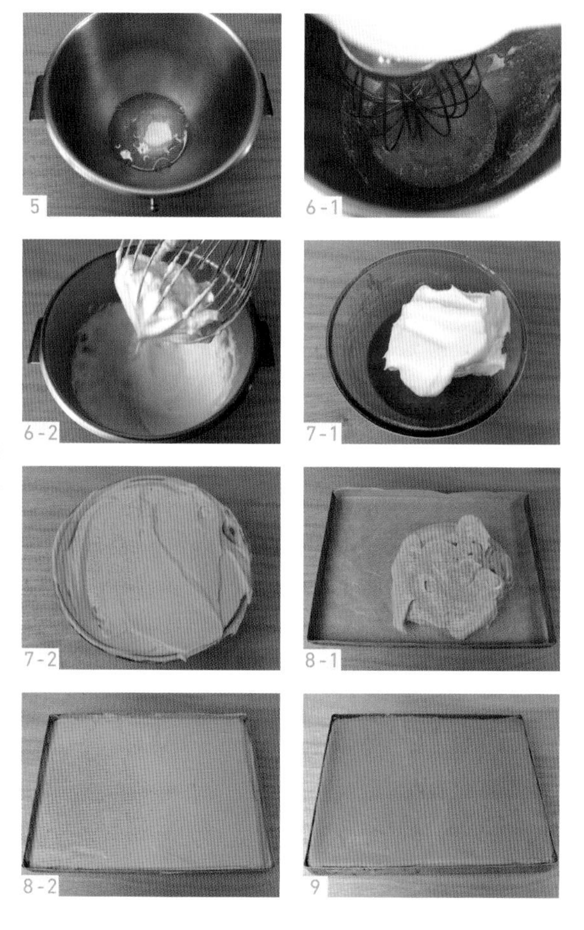

| 關鍵點 | 紅絲絨濃縮液可以換成10克的可可粉或抹茶粉變換蛋糕的口味。 |
| --- | --- |

## 二、戚風蛋糕製作常見問題及解決方法

### 1. 蛋白無法打發

原因

- 裝蛋白的桶內有油脂或水。
- 蛋白裡的蛋黃沒有分離乾淨。

解決方法

- 打蛋白的攪拌桶內保證無油脂，無水，無雜物，避免影響蛋白起泡。

### 2. 烤好的戚風蛋糕頂部下沉

原因

- 麵糊攪拌不均勻。
- 出爐後未及時震盤倒扣。
- 蛋糕未烤熟。

- 出爐後迅速震盤，蛋糕內部的熱氣可以在一瞬間和外界實現空氣交換，有效避免回縮。
- 蛋糕出爐前，用竹簽插入蛋糕的中心，如果竹簽上黏有蛋糕糊，那麼需要加長蛋糕的烘烤時間。

## 3. 烤好的戚風蛋糕底部凹陷

- 烤箱的下火溫度過高。
- 蛋糕模具底部沒有清洗乾淨，有油脂。

- 調整烤箱的下火溫度。
- 選用無水、無油的模具烘烤蛋糕。

## 4. 烤好的戚風蛋糕縮腰

- 蛋糕沒有完全涼透就脫模。
- 麵糊裡的麵粉比例過低。

- 蛋糕須放涼至常溫狀態，再進行脫模。
- 增加麵糊裡的麵粉比例。

## 5. 戚風蛋糕不膨脹

- 蛋白沒有打發或者蛋白打發後消泡。
- 使用的油脂融合性不佳。
- 配方裡的麵粉部分比例過高。
- 烤箱的溫度太高或太低。
- 蛋糕中麵糊的比例過高。

- 蛋白和麵糊混合時，不要攪拌過度。
- 降低麵糊中的麵粉比例。
- 調整烤箱的溫度。

# 經典海綿蛋糕

## 一、經典海綿蛋糕製作方法

# 原味海綿蛋糕

材料

| | |
|---|---|
| 雞蛋............150克 | 低筋麵粉........80克 |
| 細砂糖...........80克 | 奶油..............30克 |
| 蜂蜜...............15克 | 牛奶..............25克 |

操作步驟

1 雞蛋、細砂糖、蜂蜜放入容器中。
2 用手動攪拌器攪拌均勻，隔水加熱到40℃，36～40℃的雞蛋液表面張力最差，所以是最容易打發的溫度，因此雞蛋打發需要隔水加熱。
3 用電動打蛋機，高速打發至麵糊向下滴落，有明顯的紋路，10秒內不消失的狀態。
4 過篩後的麵粉，分2次加入蛋糊中用矽膠軟刮刀攪拌均勻。

5 奶油和牛奶提前加熱到40℃，加入蛋糕糊中攪拌均勻。
6 6寸模具中墊油紙。
7 倒入蛋糕糊至八分滿。
8 放入預熱好的烤箱中烘烤，烤箱溫度上火165℃、下火155℃，烘烤45分鐘左右。
9 出爐震盤，放涼後即可脫模。

關鍵點

同樣的方法可以製作杯子蛋糕，溫度不變烘烤28分鐘。

# 巧克力海綿蛋糕

## 材料

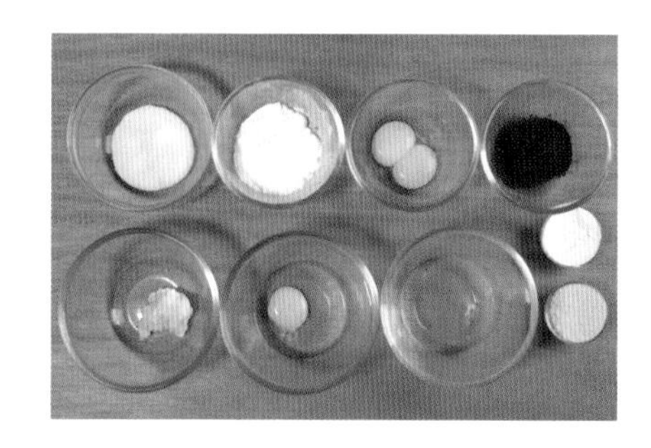

蛋白……88克
糖粉……72克
細砂糖……37克
雞蛋……45克
蛋黃……61克
杏仁粉……25克
可可粉……15克
低筋麵粉……30克
奶油……30克

## 操作步驟

1 蛋白分2次加入糖粉和細砂糖打發。
（第一次在蛋白起小泡時加，第二次打到蛋白提起呈軟雞尾時加。）

2 打發至七成，攪拌器把蛋白提起有明顯的小尖角。
（這時候的蛋白是很綿密的泡沫狀，尖角提起是挺直的，沒有很軟的雞尾。）

3 分次加入雞蛋和蛋黃，慢速打發。
（這裡一定要用慢速攪拌均勻，打發速度太快，蛋白很容易消泡。）

4 加入杏仁粉、過篩後的可可粉和低筋麵粉。

1-1 1-2 2 3-1 3-2 4

5 用軟刮刀翻拌均勻。

（用翻拌的手法，蛋白不容易消泡，在翻拌的過程中，每次都要從底部翻拌起來，動作不能太大。）

6 加入融化的奶油，奶油的溫度在40℃左右，攪拌均勻。

7 倒入6寸模具中。

8 放入提前預熱好的烤箱中，以溫度上火165℃、下火155℃烘烤45分鐘左右。

9 出爐震盤，倒扣在網架上晾涼，放涼即可脫模。

## 二、海綿蛋糕製作常見問題及解決方法

### 1. 攪拌好的麵糊消泡嚴重

- 蛋液在打發過程中，打發不到位。
- 奶油的溫度過低。融化的奶油溫度在40℃左右，奶油溫度過低，流動性會降低，也會結塊，容易造成嚴重的消泡。
- 攪拌過度。
- 烤箱溫度過高。

解決方法

- 打發好的蛋液提起來在蛋液上畫上紋路，如果紋路可以10秒內保持不消失，說明蛋液的打發基本完成了。
- 攪拌蛋糕糊的過程中，用軟刮刀翻拌的手法，不要在同一方向畫圈攪拌，蛋糕糊攪拌均勻即可，攪拌的次數越多越容易消泡。
- 調整烤箱的溫度。

## 2. 蛋糕體不膨脹

原因

- 麵糊液消泡。
- 蛋糕配方裡的油脂比例過高。
- 麵粉的蛋白質含量太高。
- 麵糊太乾。
- 烤箱的溫度太低。

解決方法

- 調整配方中的油脂比例。
- 麵粉儘量選用低筋麵粉，麵糊不要過度攪拌，攪拌至無乾粉無顆粒即可。
- 調整配方裡麵粉和液體的比例。
- 調整烤箱的溫度。

PART

# 04 蛋糕飾件製作

# 蛋白霜飾件製作

## 一、蛋白霜打發方法

材料

蛋白 ............ 100克
細砂糖.......... 100克
糖粉 ............ 100克

操作步驟

1 蛋白、細砂糖、糖粉混合，攪拌均勻。
2 隔水加熱，水溫不要超過60℃，不停攪拌蛋白，加熱到50℃，至糖完全融化。
3 打蛋器高速打發至順滑，可以拉出小尖勾。

1

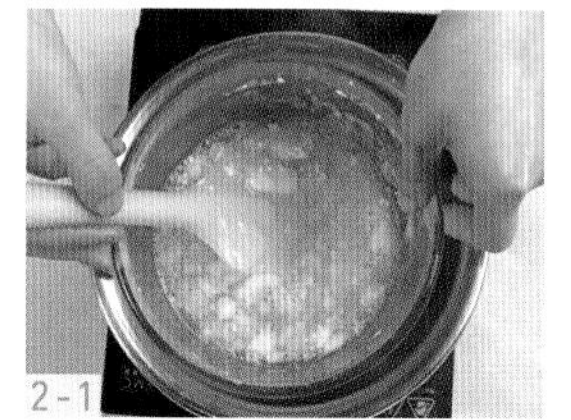
2-1

2-2

3-1

3-2

## 二、蛋白霜調色和造型

4 用小碗分一部分打好的蛋白霜霜，加入藍色與少許的紫色食用色素，攪拌均勻。
5 調出紅、黃、藍3個顏色，分別裝入裱花袋，不用攪拌混勻，做成暈色的效果。

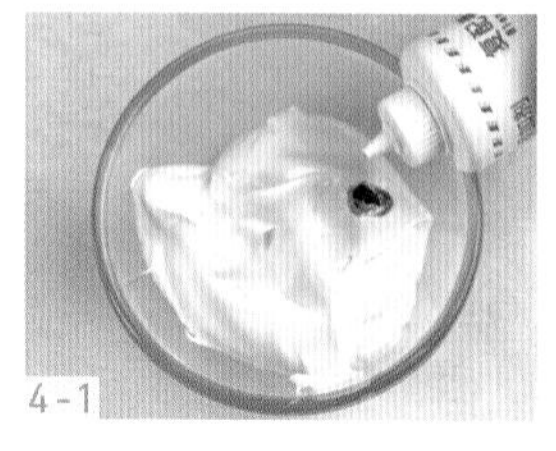
4-1

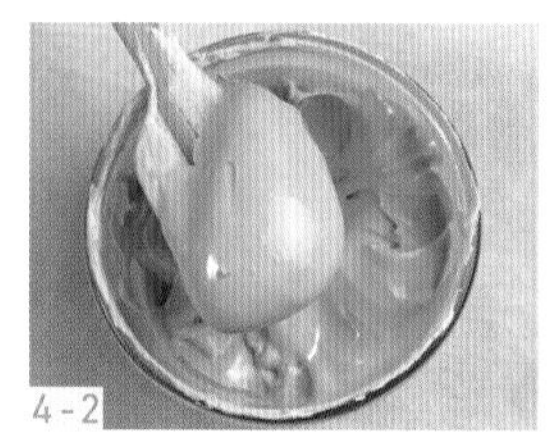
4-2

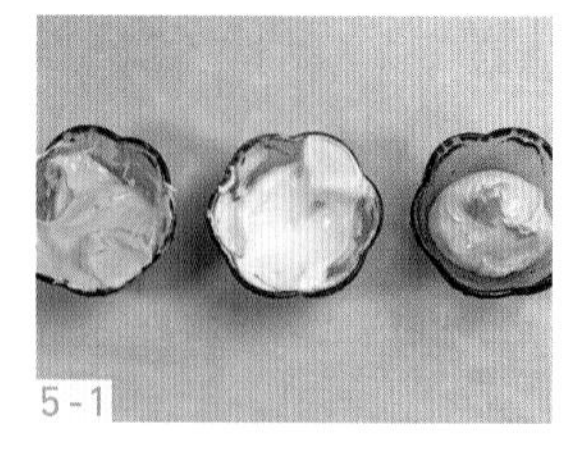
5-1

5-2

6 用聖安娜花嘴擠出聖誕樹的造型：花嘴缺口朝上，邊擠糖霜邊畫S形，做出下寬上尖的效果。

7 用中號8齒花嘴擠出棒棒糖的造型：花嘴垂直，擠一個點並圍著這個點擠一圈糖霜。

8 用中號8齒花嘴擠出寶塔糖的造型：花嘴垂直，擠一個點，一邊擠一邊往上提，力氣慢慢收小，拉出小尖角。

9 用中號8齒花嘴擠心形的造型：花嘴垂直，擠一個點，往自己身邊拉出小尾巴，再在右邊擠一個同樣大小的點，拉出的尾巴與上一個重疊在一起。

10 用中號8齒花嘴擠出彩虹的造型：花嘴和烤盤保持120°角，畫n字形。用中號圓形花嘴，擠出雲朵造型，花嘴垂直，擠一個點，花嘴慢慢離開烤盤。

11 擠好的成品，以烤箱上、下火70℃烘烤2小時左右，要完全烤乾，避免返潮，烤好的成品放涼後裝入密封罐可以保存3個月。

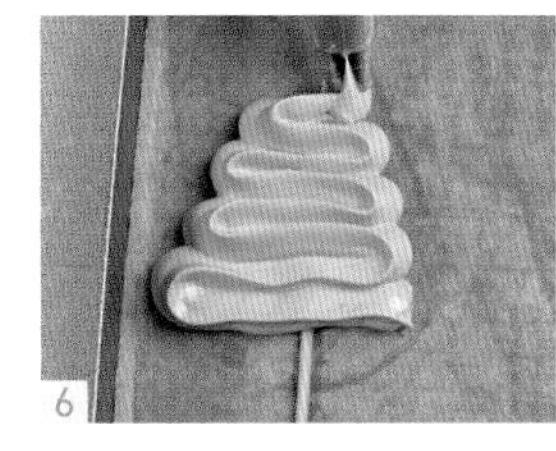

6

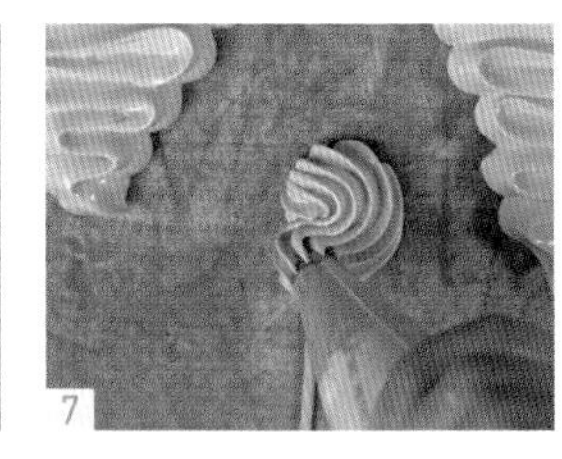

7

8

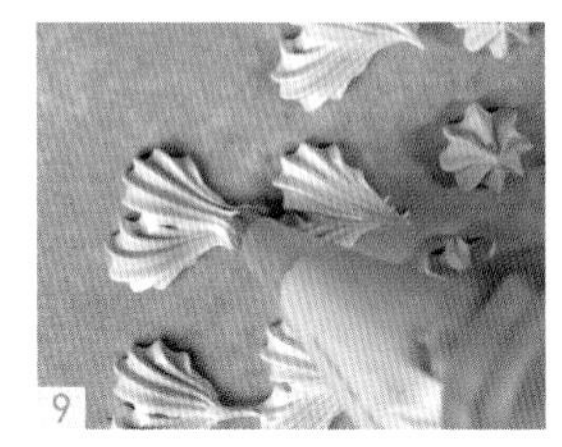

9

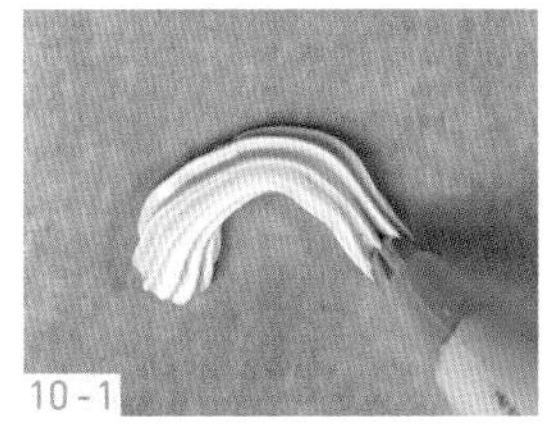

10-1

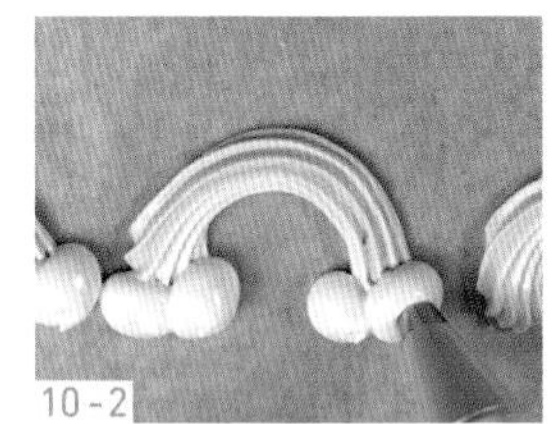

10-2

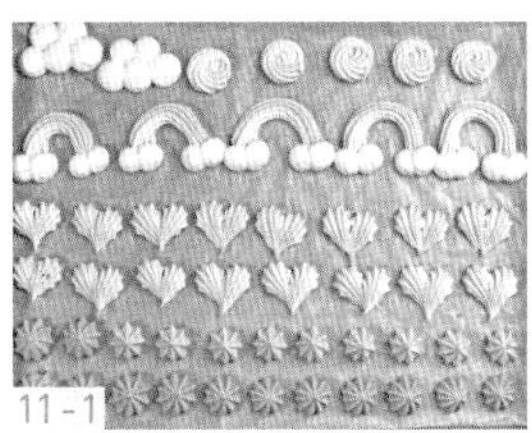

11-1

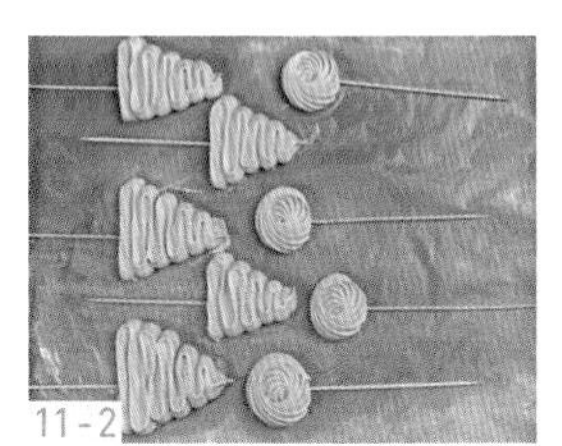

11-2

小貼士

1. 調好顏色的蛋白霜變稀

原因
✣ 攪拌的時間太長。
✣ 加入的色素太多。

解決方法
✣ 再加入少量糖粉重新打發。

2. 烤好的蛋白霜開裂、顏色發黃

原因
✣ 烘烤的過程中溫度太高。
✣ 蛋白打發太過。

解決方法
✣ 調低烘烤溫度。
✣ 打發時隨時觀察。

3. 烤好的蛋白霜黏底，不好取

原因
✣ 蛋白霜烤制的時間不夠，內部沒有完全烤熟。

解決方法
✣ 重新回爐，再烘烤一段時間。

4. 烤好的蛋白回軟，表面黏手

原因
✣ 加熱蛋白時，溫度不夠。

✣ 所處的環境濕度太高。

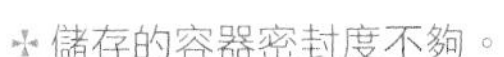

✣ 儲存的容器密封度不夠。

解決方法
✣ 出現這種情況基本沒有補救的方法，只能預防這種情況的出現。

# 翻糖飾件製作

## 一、翻糖皮分類

### 1. 翻糖膏

不防潮不易乾，適用於包覆翻糖蛋糕表面。

### 2. 防潮糖皮

防潮，乾得快，可以直接接觸奶油，奶油半翻糖蛋糕首選，但保濕性差、延展性不好。

### 3. 花卉乾佩斯

防潮（防潮效果不如防潮糖皮），乾得快，能擀出很薄的片狀，質地輕盈透光，模擬花卉首選，但保濕性差，花瓣乾透後易碎，不可與奶油直接接觸。

### 4. 人偶乾佩斯

保濕性好，塑型定型能力強，乾得慢，適用於人偶、卡通造型製作，但不保濕，不可與奶油直接接觸。

## 二、翻糖皮製作方法

材料

白巧克力 ...... 100克
吉利丁 .............. 6克
水 ................... 18克
玉米糖漿 ........ 30克
玉米澱粉 ...... 120克
糖粉 ............... 75克
泰勒粉 ............. 1克

操作步驟

1 吉利丁用冰水浸泡至可輕鬆撕開即可。
2 隔水加熱融化巧克力。

1-1

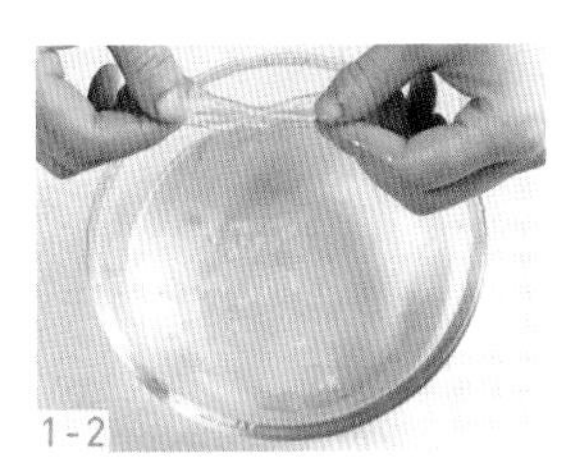

1-2

2

3 泡好的吉利丁、水、玉米糖漿放一起隔水融化，混合均勻。

4 將步驟3的液體，倒入步驟2的巧克力中，攪拌均勻，攪拌次數不可過多。

5 糖粉、泰勒粉、玉米澱粉過篩後，加入巧克力中，攪拌成棉絮狀。

6 用手揉搓成光滑的麵團，包上保鮮膜，避免風乾，製作好的糖皮可製作各種類型的飾件，能夠防潮，可直接接觸奶油。

小貼士

1. 做好的糖皮有顆粒感

原因
- 糖粉顆粒太大。

解決方法
- 選用較細的糖粉。
- 糖粉用很細的篩網多次過篩。

2. 做好的糖皮太硬或太軟

原因
- 太硬是粉類材料加太多。
- 太軟是濕性材料加太多。

解決方法
- 糖皮太硬加糖漿，糖皮太軟加玉米澱粉。

3. 在揉搓過程中無法完全融合

原因
- 巧克力和糖漿混合的過程中，攪拌過度，油脂分離。

解決方法
- 出現這種情況沒有補救的辦法，只能預防這種情況的出現。

## 三、翻糖飾件製作方法

調色

1 取小塊糖皮加入色素，反覆折疊讓色素和糖皮融合到一起。
2 調好顏色的糖皮用保鮮膜包好，裝入密封袋中，防止風乾。

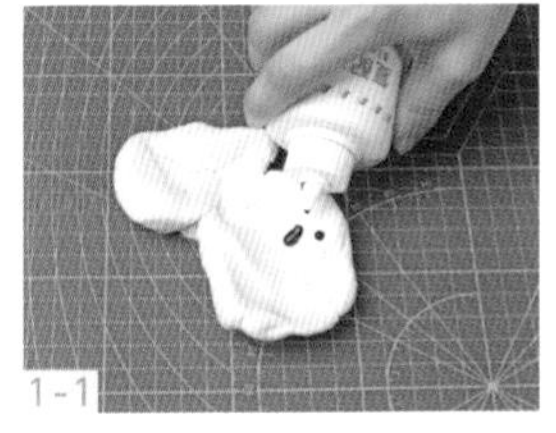
1-1

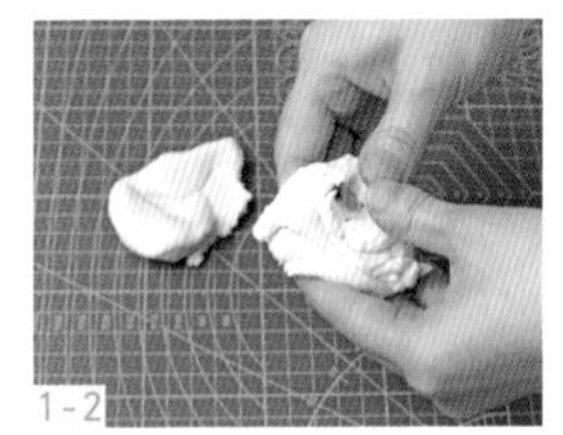
1-2

造型

3 準備好做翻糖飾件的工具。

1-3

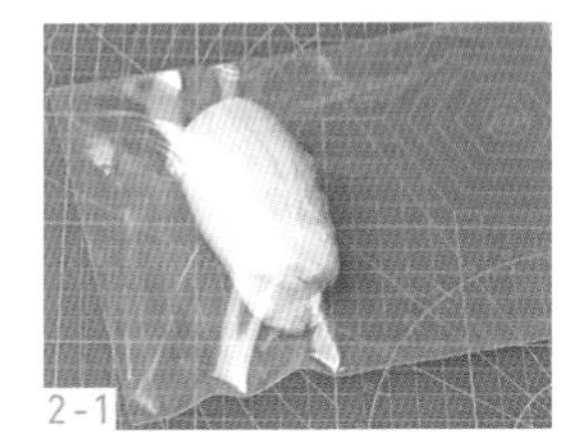
2-1

2-2

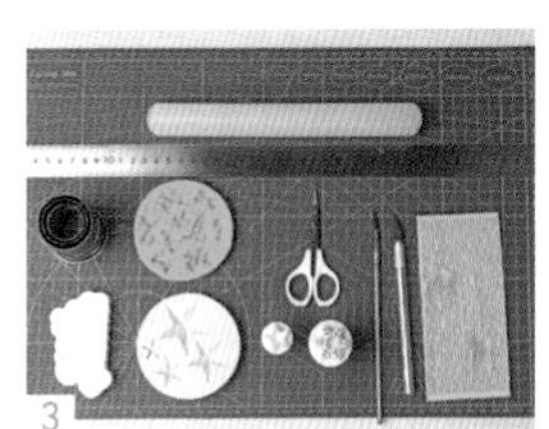
3

### 1. 模具類翻糖飾件製作（此方法適用於全部模具類的翻糖飾件）

1 清洗乾淨的矽膠模具，均勻抹上少許白油，避免糖皮和模具黏連。
2 取小塊糖皮，填滿模具的空隙，用小刀把多餘的部分切除。
3 進行脫模，脫模的時候從最邊緣的位置開始。模具類飾件就做好了。

1

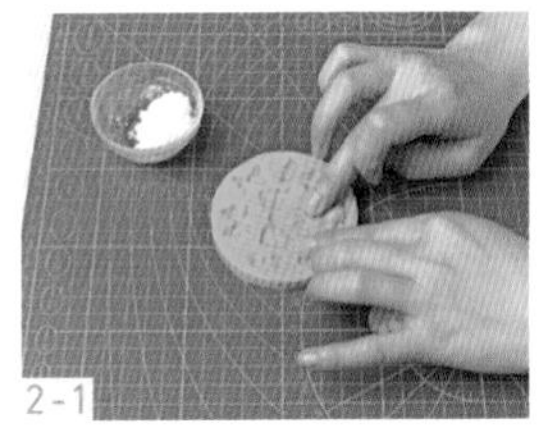
2-1

2-2

3-1

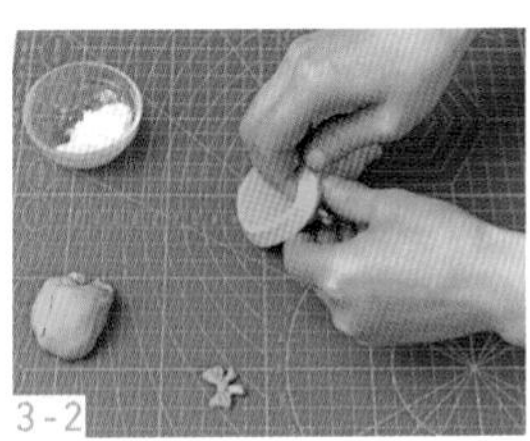
3-2

## 2. 雙色糖牌製作

1 模具抹好白油，用糖皮把模具底層的空隙填滿，切除多餘的部分。

2 換1個顏色的糖皮再填滿整個模具，糖皮不要超出模具的邊緣。

3 從模具最邊緣的位置開始脱模，減少飾件的損壞。雙色糖牌就做好了。

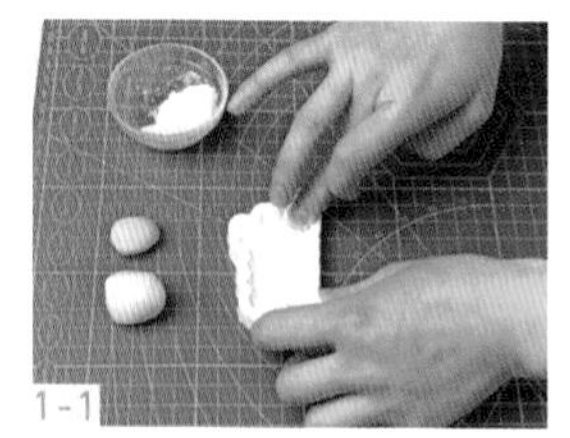
1-1

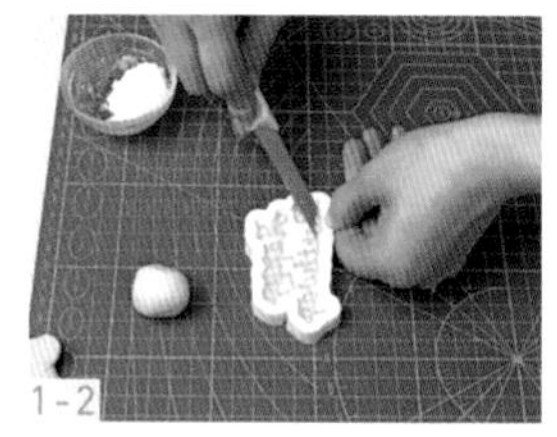
1-2

2

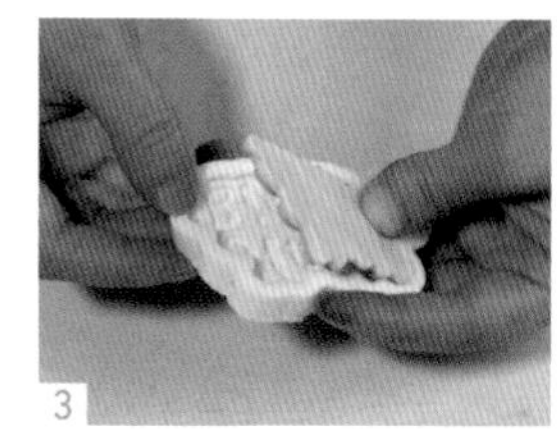
3

## 3. 壓膜類飾件（雪花）製作

1 沾取少量玉米澱粉，將糖皮擀成合適厚度，用模具在糖皮上壓出形狀，確定切割完全，邊緣整齊。

2 從壓膜最邊緣的位置脱模，一個完整的飾件就做好了。

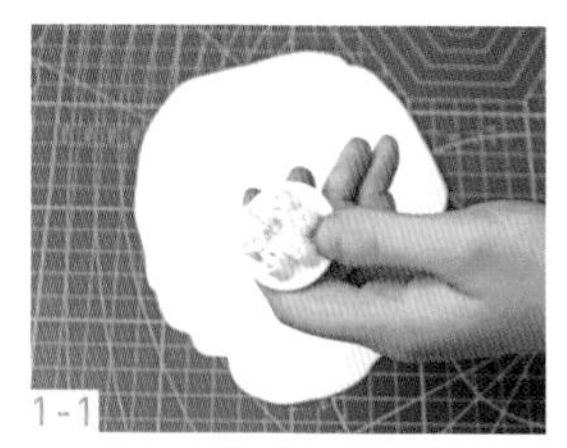
1-1

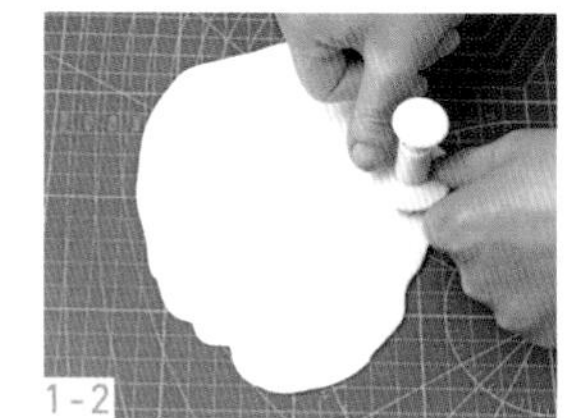
1-2

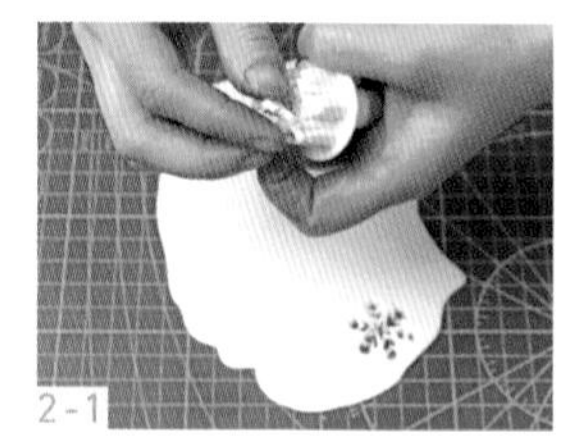
2-1

2-2

## 4. 拼接類飾件制作

1 用心形壓膜壓出數個飾件。

2 拼接成花形，可以沾水黏接。

3 用小圓球作花心，一朵小花就做好了。

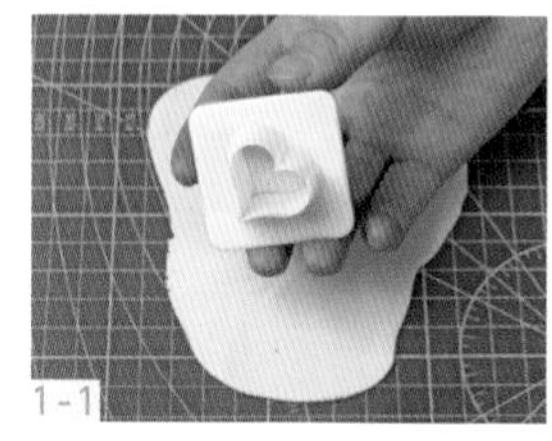
1-1

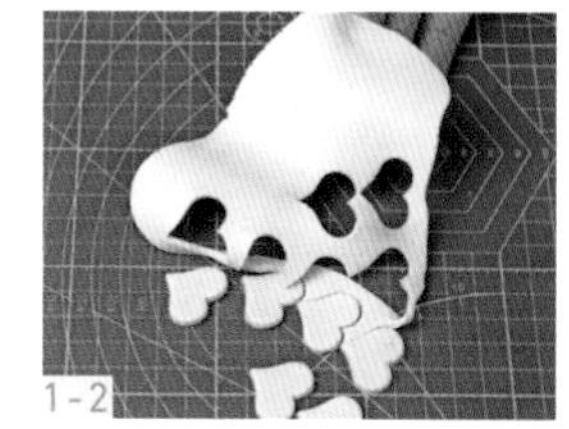
1-2

2-1

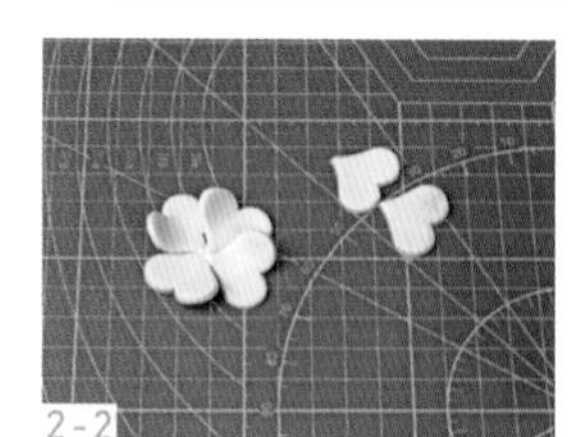
2-2

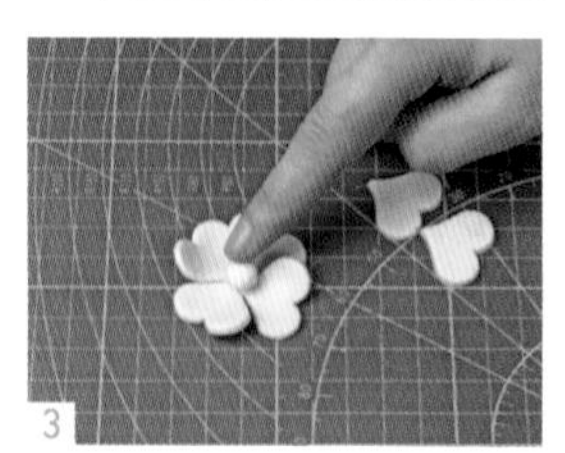
3

## 5. 折疊類飾件製作

### 小裙邊

1 用圓形模具切割出圓片。
2 手指捏住圓片的邊緣，往中間聚攏，形成褶皺，小裙邊就做好了。

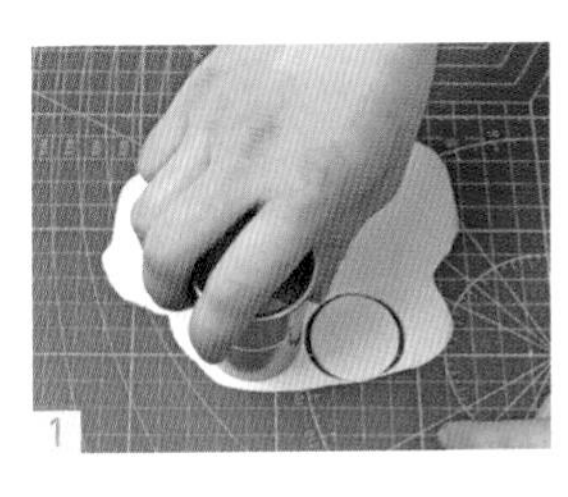
1

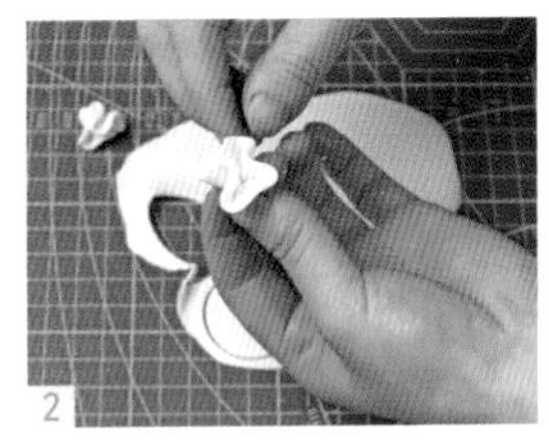
2

### 口罩

1 將擀好的糖皮切割成10公分×6公分的長方形。
2 短邊分別折出3個折痕，切除多餘的部分。
3 放在圓形模具側邊上定型，短邊接上圓形長條，口罩就做好了。

1

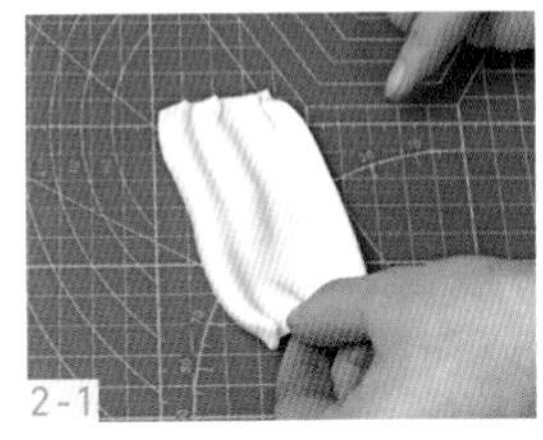
2-1

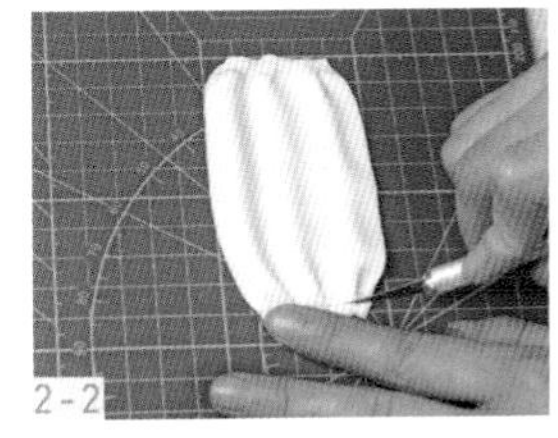
2-2

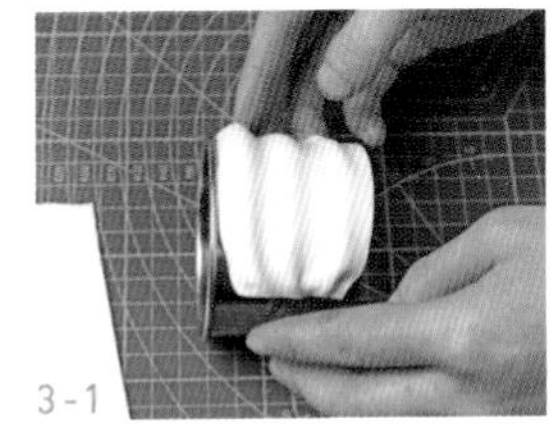
3-1

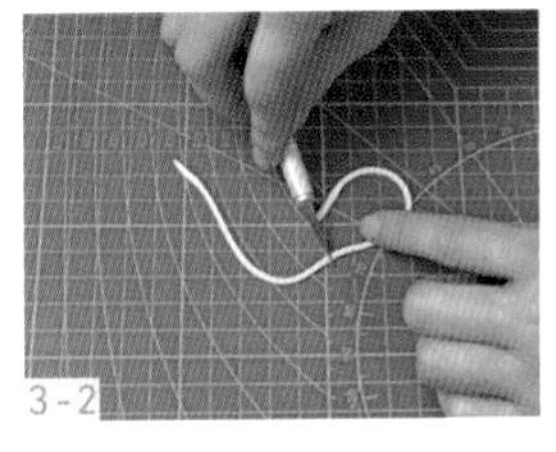
3-2

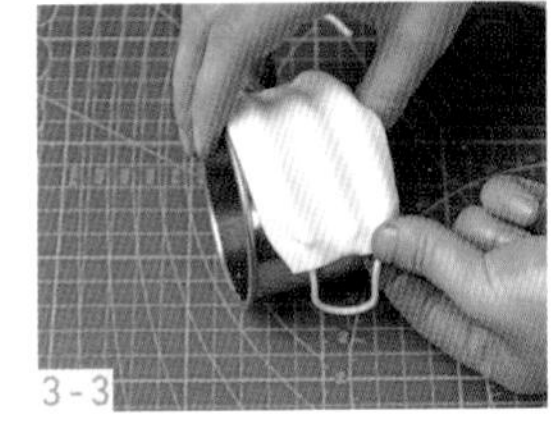
3-3

## 6. 切割類飾件製作

### 衣服

1 擀好的糖皮切割成6公分×5公分的長方形。
2 把短的一邊用圓形模具切割成圓弧形。
3 切割2條2公分×5公分的長條貼在另一條短邊上作裝飾，製成口袋。
4 在口袋的四周邊緣處壓出痕跡，做出針線孔。
5 取1條19公分×5公分的長方形糖皮，把左上角和右上角的直角切割成圓弧形。
6 用圓形模具側面定型，製成衣領。

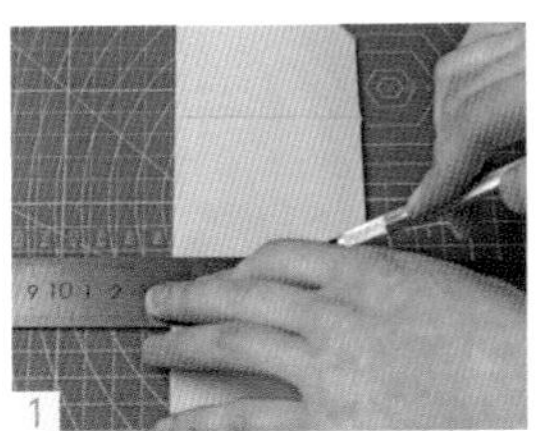
1

2

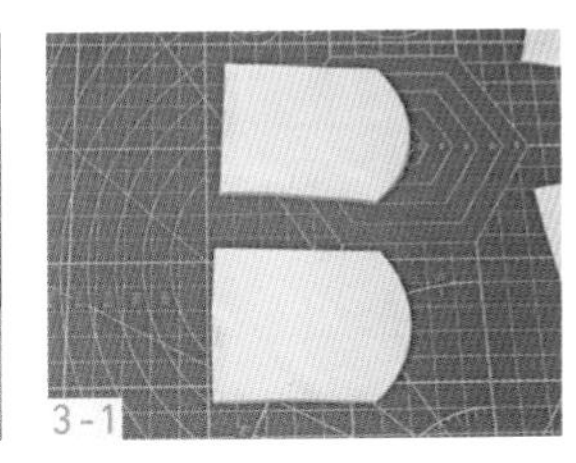
3-1

3-2

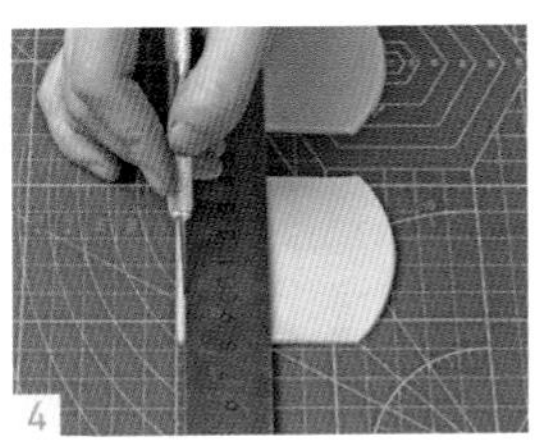
4

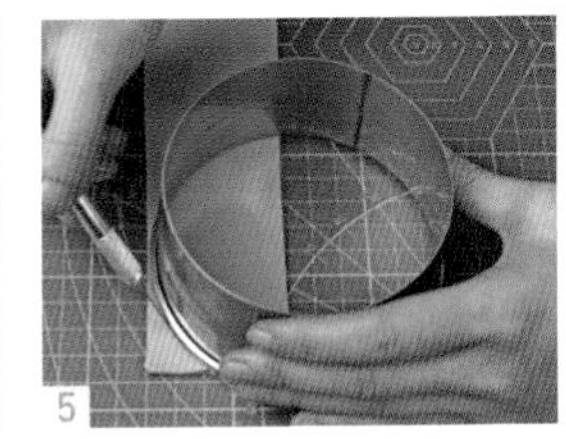
5

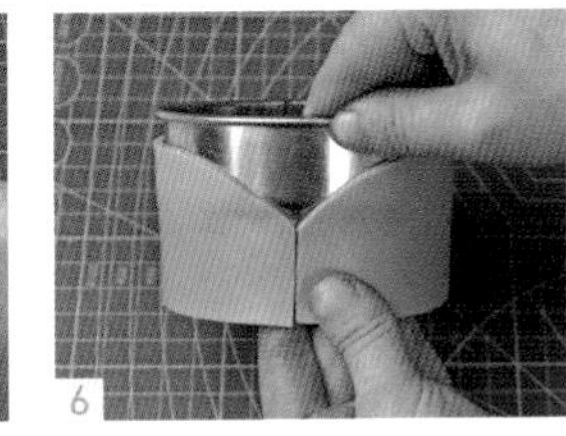
6

小鴨子

1 用圓形模具在糖皮上壓出痕跡，調整形狀至橢圓形，切割出小鴨子的頭部和頸部。
2 用橙色的糖皮捏出鴨子的嘴巴，與頭部拼接到一起。
3 用小刀刀尖在糖皮表面挑出小毛刺，做出毛茸茸的效果。
4 搓出黑小圓點作眼睛。
5 用毛刷刷上粉色色粉作腮紅，小鴨子造型就做好了。

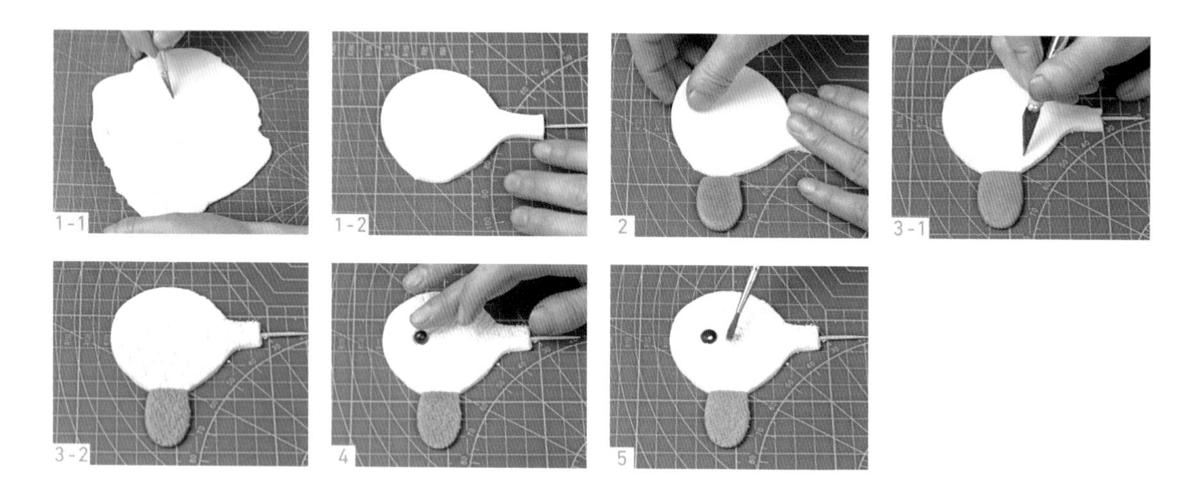


蝴蝶結

1 將擀成0.2公分左右厚度的糖皮切割出2條14公分×5公分的長方形。
2 2個短邊對折，留出1cm左右的位置。
3 把兩端往中間折，不用黏合。
4 捏住凹槽位置，把兩邊往下壓，捏緊黏合。
5 手指伸入蝴蝶結的空隙位置保持形狀，用另一隻手把蝴蝶結中心往下壓。
6 同樣的方法做好另一邊，2個黏合到一起。

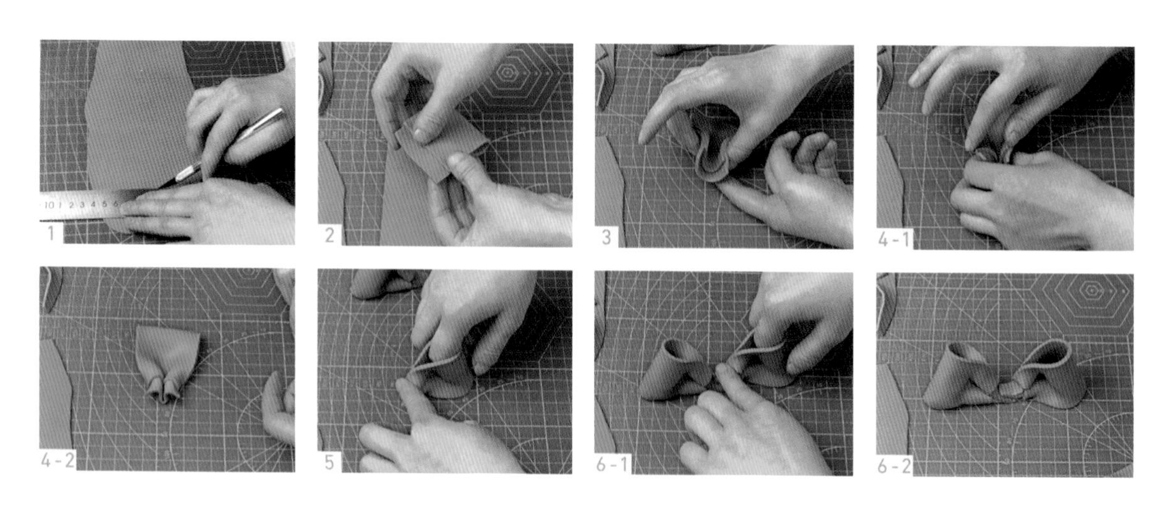

7 另取1條長方形糖皮，折疊出褶皺，刷上純淨水，黏合在蝴蝶結重疊的地方，介面處捏緊。

8 定型，完成蝴蝶結的製作。

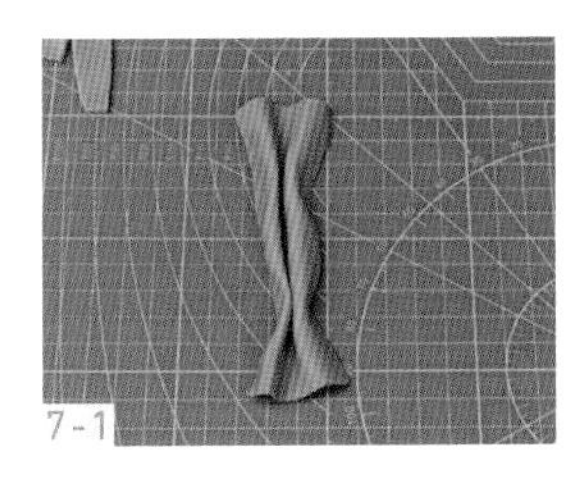
7-1

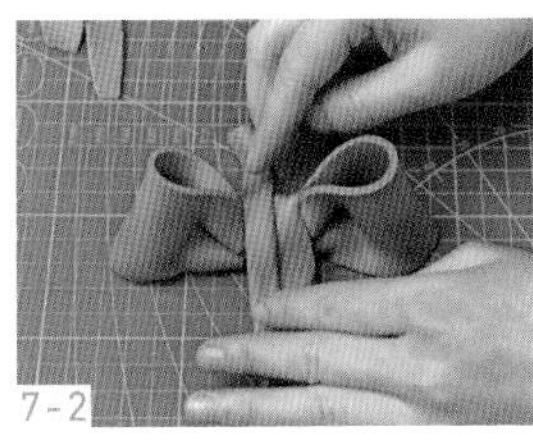
7-2

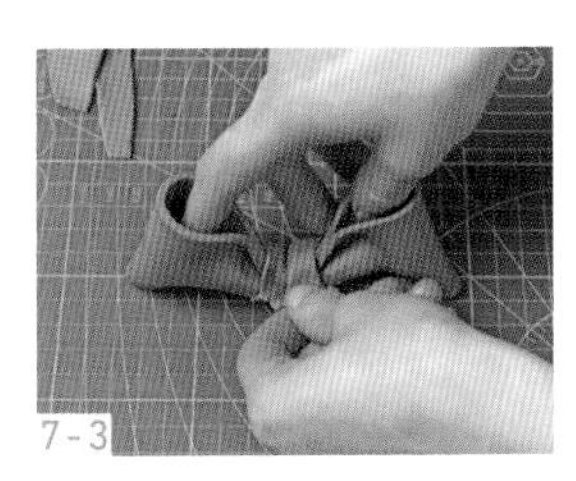
7-3

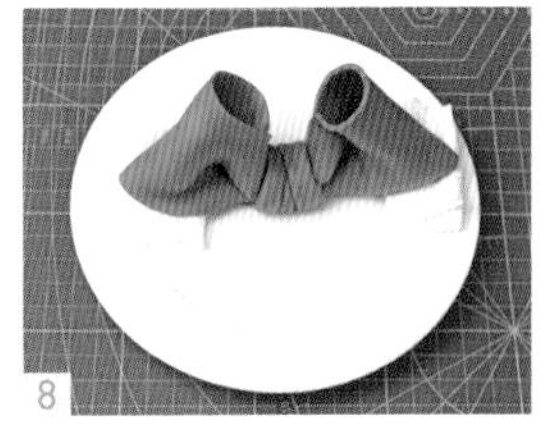
8

木紋條（此方法適用於各種需要花紋的飾件，只需要更換壓膜的款式）

1 擀好的糖皮，切割成12.5公分×3公分的長方形。

2 用木紋壓模壓出花紋，木紋條就做好了。

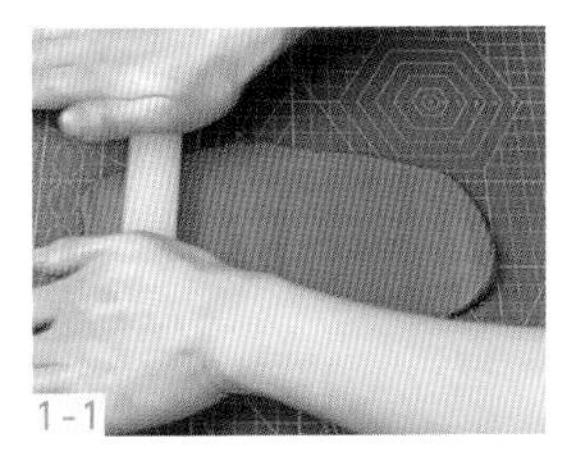
1-1

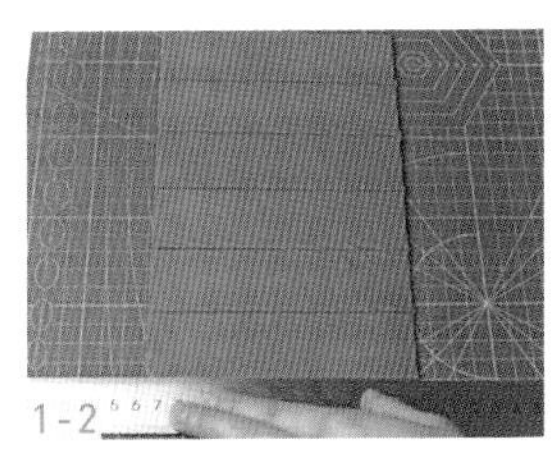
1-2

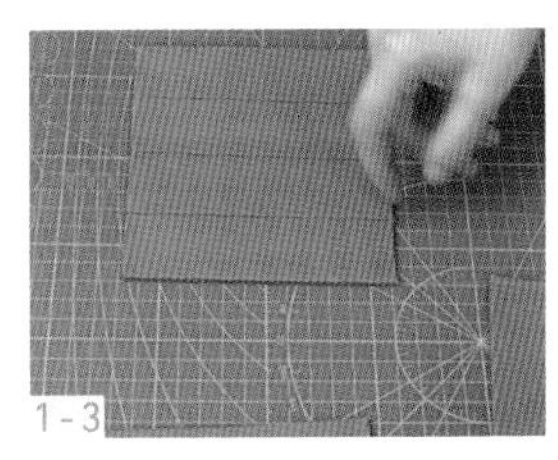
1-3

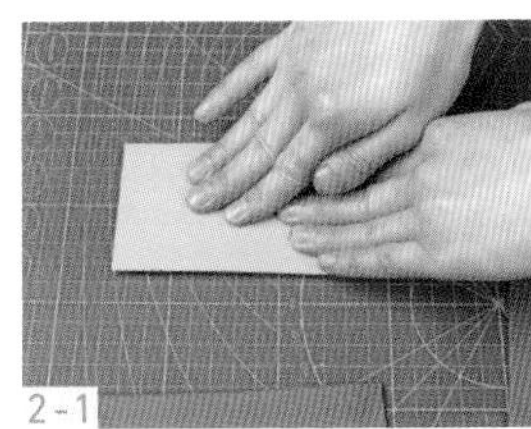
2-1

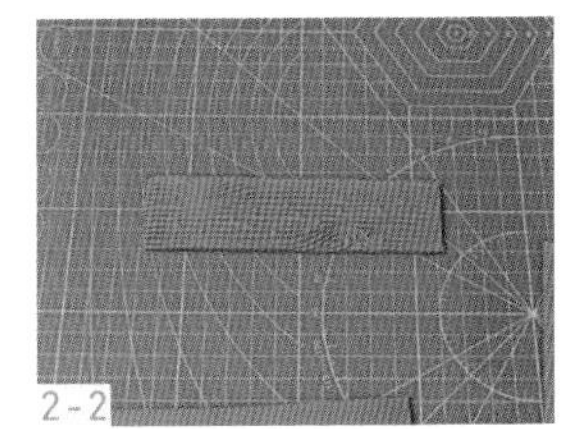
2-2

# 巧克力飾件製作

✣ ✣ ✣

## 一、巧克力分類

常用的巧克力有純可可脂巧克力和代可可脂2種。

純脂巧克力是經過可可豆進行提煉製作而成的，純脂巧克力有多種類型，黑巧克力可可含高達90%的可可固形物，牛奶巧克力至少含有10%的可可固形物，而白巧克力只含有可可脂，不含可可固形物。

純脂巧克力做巧克力飾件前都需要進行調溫，對巧克力固體粒子間的可可脂固化或結晶化過程中的脂肪結晶方式加以控制。調溫的目的是使緊密連接的穩定脂肪分子得到均勻分佈。不同品牌的巧克力，其調溫曲線也不相同，在對巧克力進行調溫時，可參考巧克力外包裝上的調溫曲線進行操作。

代可可脂是1種使用不同油脂經過氫化後而成的人造硬脂，物理性能上十分接近可可脂，製作巧克力時無須調溫並且容易保存。

## 二、巧克力融化方法

溫度和水分對巧克力的影響極大，在融化巧克力之前需要注意以下幾點：

1 盛裝巧克力的容器必須是無水的。
2 加熱巧克力的溫度不能過高。
3 攪拌巧克力時，須按同一個方向攪拌，避免空氣進入巧克力，產生氣泡。
4 避免巧克力加熱的時間過長，如果巧克力的量比較大，加熱過程中須多次攪拌。

### 1. 微波爐融化

將巧克力碎塊放入容器中，注意要選用微波爐可用的容器，用微波爐的中低火加熱2分鐘左右，拿出來攪拌，還有沒融化的巧克力塊須再次加熱，再次加熱的巧克力30秒攪拌一次，避免巧克力糊底。

### 2. 隔水加熱

將巧克力碎塊放入容器中，另用一個容器裝水加熱至水溫45～50℃，把裝巧克力的容器放入熱水中，注意不要進水，加熱5分鐘左右（根據巧克力的量調整時間），攪拌巧克力，還有沒融化的巧克力塊須再次進行加熱並攪拌，直到全部巧克力融化。

小貼士

1. 巧克力變稠，流動性變差

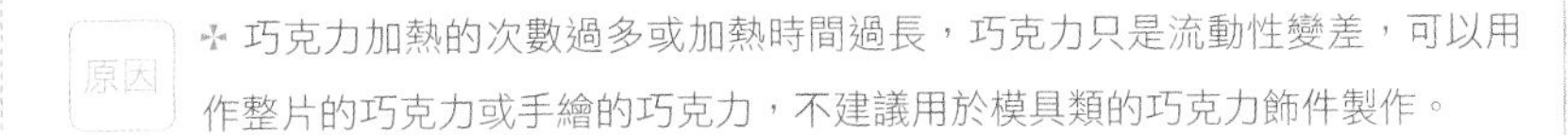

原因 ✣ 巧克力加熱的次數過多或加熱時間過長，巧克力只是流動性變差，可以用作整片的巧克力或手繪的巧克力，不建議用於模具類的巧克力飾件製作。

解決方法 ✣ 可在巧克力中加入新的巧克力或少許的植物油。

2. 巧克力加入色素後，色素和巧克力融合性不佳，有色素顆粒

原因 ✣ 用了水性色素或在巧克力的溫度過高時加入色素。

解決方法 ✣ 融化好的巧克力降溫到35℃左右再加入色素，可以更好地融合。

✣ 用油性色素或用巧克力專用色粉。

3. 巧克力糊底、出油、有顆粒

原因 ✣ 巧克力加熱溫度過高且加熱時間過長，或隔水加熱時進水。

解決方法 ✣ 可加入新的巧克力融化或加入沙拉油，再用細網過篩後使用。

## 三、巧克力調溫方法

### 1. 接種法

1 隔水加熱巧克力，直到溫度達到45～50℃。

2 取出裝巧克力的容器，加入新的巧克力，新的巧克力的分量大概是融化巧克力的一半。

3 充分攪拌混合，直到全部的巧克力完全融化，再冷卻到30～32℃。

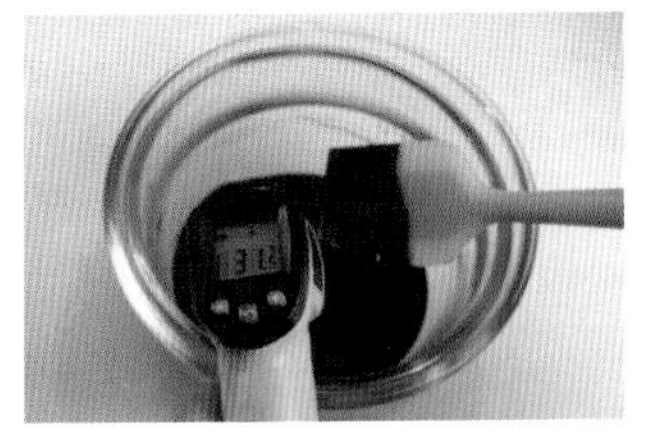

## 2. 水浴法

1 隔水加熱巧克力，直到溫度達到45℃。

2 立刻取出裝有巧克力的容器放入裝有冷水的碗中，隔水降溫，用軟刮刀不停攪拌，直到巧克力溫度降至27℃。

3 將裝有巧克力的容器取出，重新加熱，用軟刮刀不停攪拌，當巧克力的溫度達到30℃時，立刻取出，即可使用。

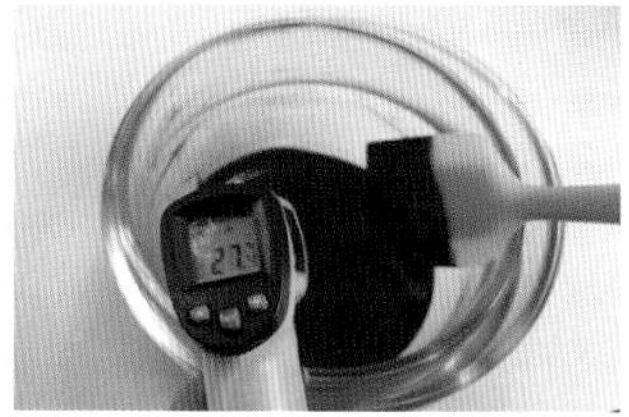

檢測調溫是否成功

將少量巧克力置於玻璃紙上，放入冰箱冷藏7分鐘，將巧克力取下，如果取下的巧克力表面光亮無顆粒而且脆硬，即為調溫成功。

# 四、巧克力飾件製作方法

## 1. 模具類飾件（小雪花）製作（此方法適用於所有模具類的巧克力）

1 將白巧克力切碎，隔水加熱至完全融化。

2 用裱花袋裝好融化的巧克力，填滿模具的縫隙。

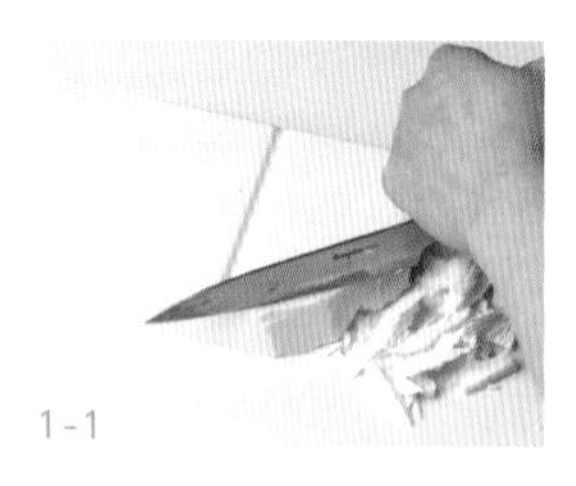

1-1

1-2

1-3

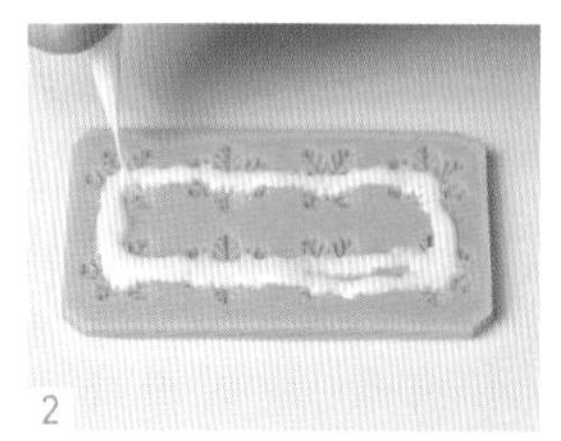

2

3 用抹刀刮掉表面多餘的部分。
4 靜置20分鐘左右，完全凝固後脫模，小雪花飾件就做好了。

3

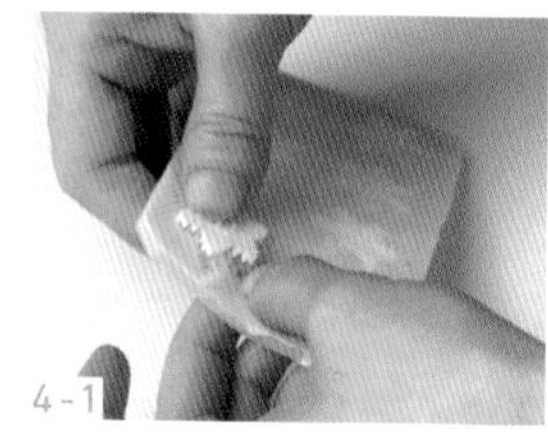
4-1

4-2

## 2. 空心巧克力飾件

1 在矽膠模具中倒滿巧克力，放入冰箱冷藏8分鐘左右（根據模具的大小調整）。
2 靠近模具表面的一層巧克力會凝固，把沒有凝固的巧克力倒出。
3 檢查厚度，如果太薄，可以再倒一層巧克力，再次冷凍後進行脫模。

1

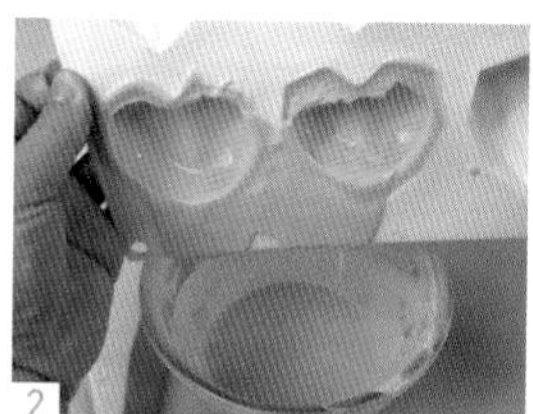
2

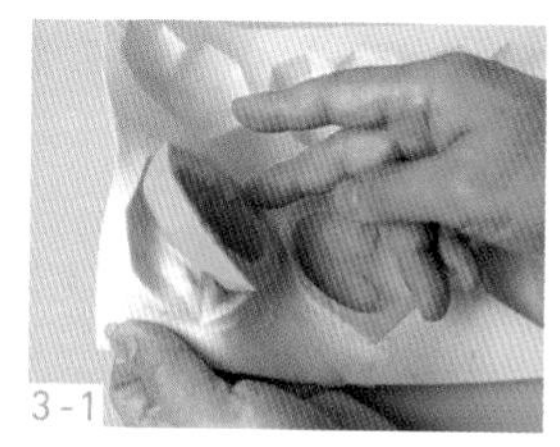
3-1

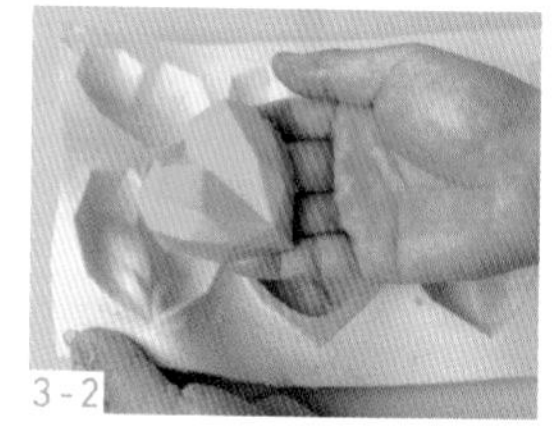
3-2

## 3. 混色飾件

1 調好的紫色巧克力中，加入粉色和黃色，用竹簽調合，不要攪拌均勻。
2 倒入模具中，用鏟刀把表面多餘部分刮乾淨。
3 靜置20分鐘左右，完全凝固再脫模。

1-1

1-2

1-3

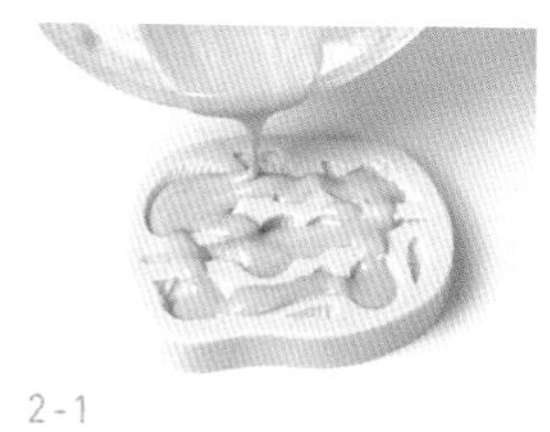
2-1

2-2

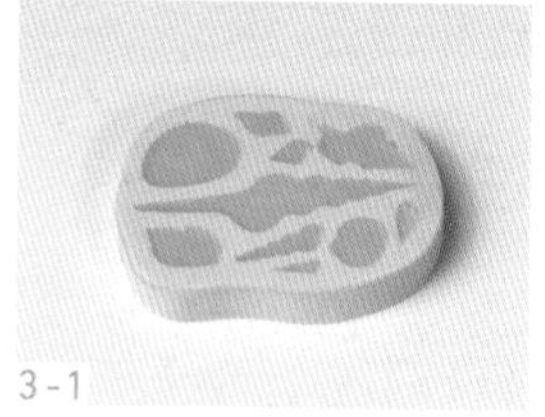
3-1

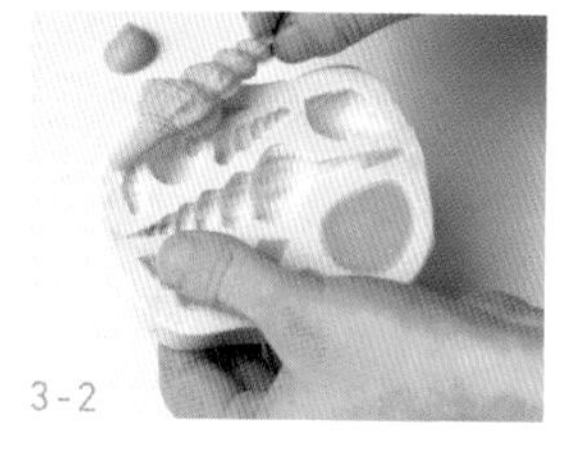
3-2

## 4. 雙色飾件

1 融化的巧克力中加入紫色色素，攪拌均勻，如果凝固了，可以重新加熱，調出紫色的巧克力，同樣的方法再調出粉色的巧克力。

2 裱花袋裝入巧克力，在模具的前半部分擠粉色的巧克力，後半部分填滿紫色的巧克力。靜置至完全凝固後，脫模。

（脫模前要把模具四邊和巧克力完全分離開，避免飾件損壞。）

## 5. 船帆飾件

做這類需要定型的飾件，巧克力需要稍微稠一點，溫度30℃左右。

1 矽膠墊上倒少許巧克力。

2 用軟刮片抹開。

3 把矽膠墊折疊形成褶皺。

4 用長尾資料夾夾住定型，凝固脫模即可。

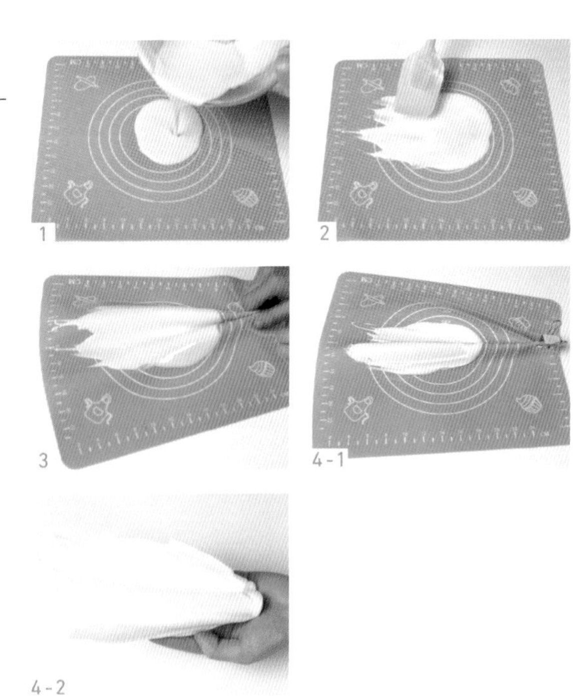

## 6. 巧克力片

1 融化的巧克力倒在玻璃紙上，用巧克力鏟刀把巧克力抹開降溫，降溫後的巧克力會越來越稠，這時候增加手部的力度，把表面刮光滑。

2 趁巧克力還沒有變硬脆的情況下，用光圈模具，按需要進行切割，放入冰箱冷藏後再脫模即可。

## 7. 甜甜圈巧克力飾件

3 準備好甜甜圈形狀的蛋糕或者麵包，放在晾網上。

4 用裱花袋裝巧克力，淋在蛋糕的表面，多淋幾次巧克力，增加厚度。

5 等甜甜圈上的巧克力凝固後，用裱花袋裝巧克力，剪小口，在表面擠細絲作裝飾。

## 8. 空心球巧克力飾件

6 在球形模具中倒入巧克力，把另外一半的球形模具蓋在表面，對好位置，完全貼合。

7 把球形模具進行多次翻轉，讓巧克力均勻黏在球形模具表面。也可以做2個半球形的飾件，再黏合成球形。

8 放入冰箱冷凍20分鐘左右，進行脫模。

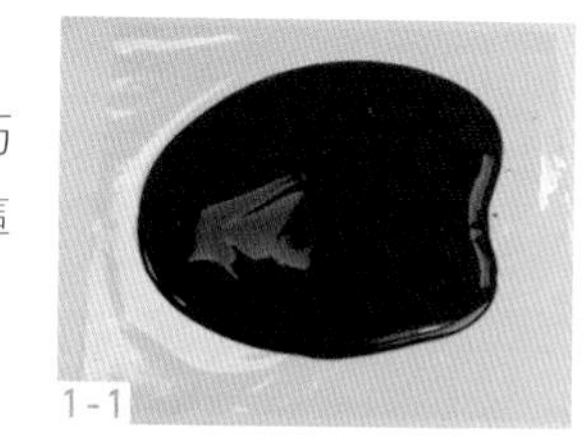
1-1

1-2

1-3

1-4

2-1

2-2

3

4

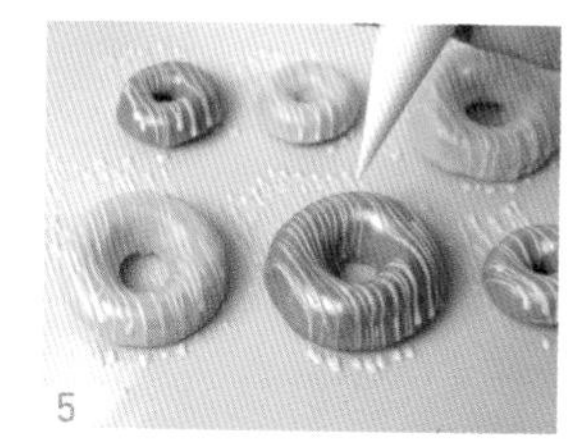
5

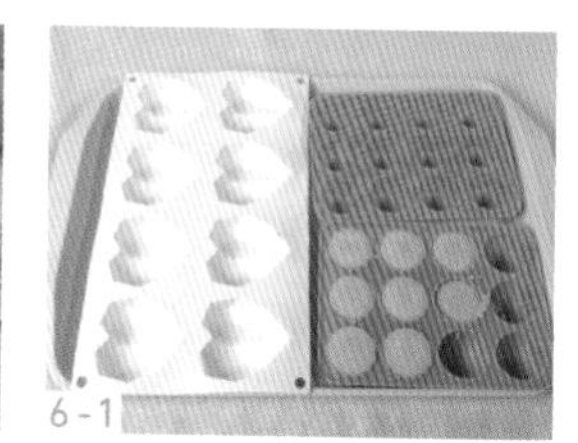
6-1

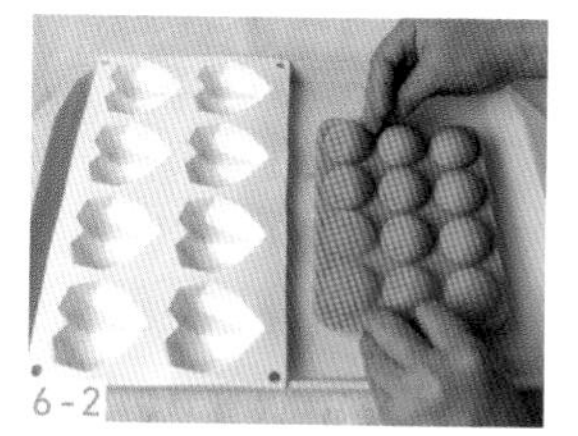
6-2

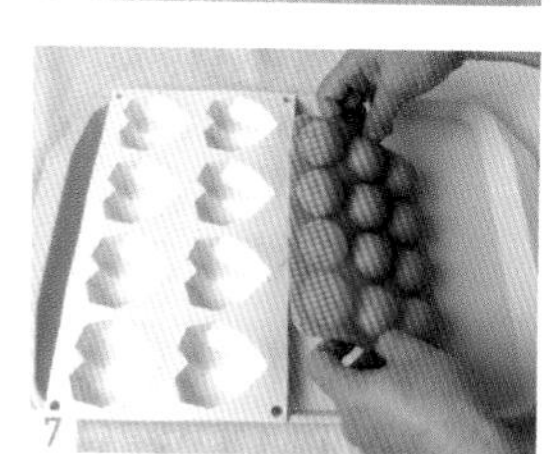
7

8-1

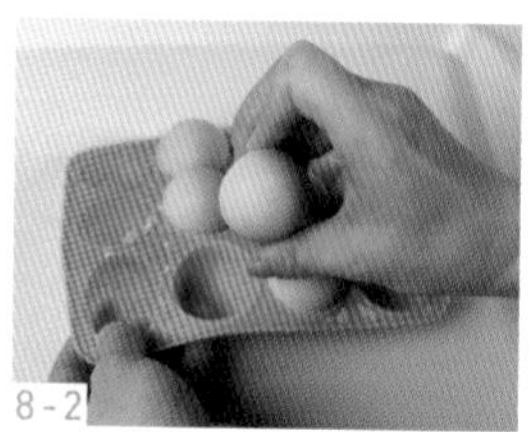
8-2

**小貼士**

1. 巧克力的保存

做好的巧克力用密封盒裝好，放入冰箱冷藏或於乾燥涼爽的室溫保存。

2. 做壞或者用不完的飾件的處理

可以將不要的巧克力飾件融化，再做成需要的飾件，或裝入盒子中保存，下次使用。注意加熱融化的溫度不要太高。

# 奶油霜製作

✢ ✢ ✢

## 一、奶油霜製作方法

用於繪畫

奶油 ............ 100克

鮮奶油............ 50克

糖粉 ............... 20克

用於裱花/抹面/花邊

奶油 ............ 100克

鮮奶油.......... 100克

糖粉 ............... 20克

1 常溫奶油加入糖粉，用攪拌器打至顏色發白。

2 分次加入常溫鮮奶油，攪拌均勻即可。

1-1

1-2

2-1

2-2

小貼士

1.打發時奶油霜呈豆腐渣狀或者冷藏、冷凍後出水

解決方法 ✢ 持續攪打至順滑狀態。

2.調色時色差過大

解決方法 ✢ 奶油建議使用顏色偏白的品牌，或者加入白色的食用色素進行調節。

3.奶油霜可以用植物奶油嗎

解決方法 ✢ 可以使用植物奶油，用植物奶油就不需要額外添加糖粉。

## 二、奶油霜用途

### 1. 用於圖案臨摹繪畫

奶油霜在常溫狀態下是軟質的固體狀態，奶油霜裡的脂肪含量比較高，經過冷凍以後可以呈現凝固的狀態。

這個特性可以用於圖案的轉印，沒有繪畫基礎也能做出精美的手繪蛋糕。

### 2. 裱花

奶油霜可用於裱花，製作方法和豆沙裱花一致，用奶油霜裱花需要把室溫控制在22℃左右，做好的花卉放入冰箱冷凍，凝固後再進行蛋糕組裝。

### 3. 花邊裝飾、抹面

奶油霜的質感與奶油相同，同樣可以用於花邊裝飾和抹面。在製作蛋糕時，植物奶油或者動物奶油調配較深的顏色時容易出現染色的現象，奶油霜的油脂含量比較高，不容易出現染色的現象。奶油霜抹面可以增加蛋糕的承重力，一般用於加高蛋糕體的抹面，或者承重力要求較高的蛋糕，如韓式裱花蛋糕的抹面。

# 起司醬製作

✣ ✣ ✣

## 一、起司醬製作方法

材料

起司 .............. 60克　　牛奶 .............. 10克

細砂糖........... 15克　　鮮奶油........... 18克

吉利丁............. 5克

1 把吉利丁用冰水充分泡軟。
2 起司要提前室溫軟化，加入細砂糖，隔水加熱起司，攪拌至順滑的狀態。
3 分次加入牛奶。
4 加入泡好的吉利丁，再次隔水加熱，把吉利丁融化。
5 加入鮮奶油，攪拌均勻。做好的吉利丁放置時間長，溫度降低後會呈固體狀態，可以再次加熱融化成液體狀態。

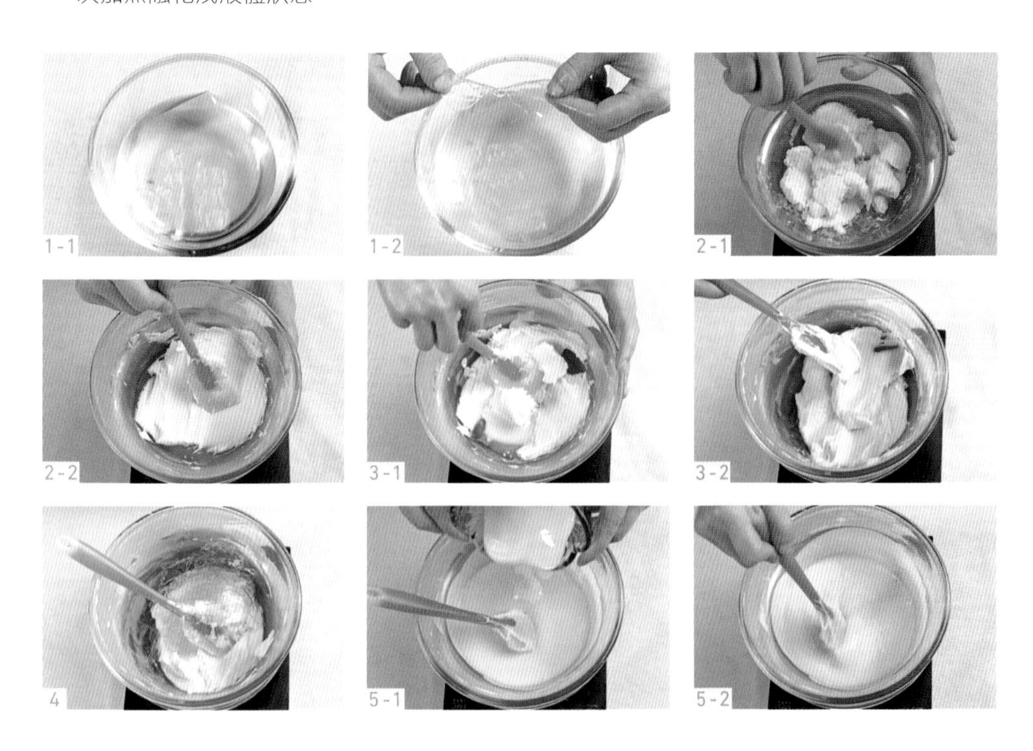

小貼士

1. 起司醬有顆粒，不順滑

✣ 隔水加熱起司，水溫超過60℃，起司加熱過程中容易產生顆粒。

✣ 牛奶需要分次加入起司中，每次加都要先攪拌均勻，再加下一次。

把做好的起司醬過篩後再使用。

2. 做好的起司醬很稀，凝固性差

✣ 泡吉利丁的水溫度過高，吉利丁在浸泡的過程中溶於水中，導致吉利丁的用量不足。

✣ 放吉利丁時，沒有控乾水分，導致材料裡的濕性材料過多。

解決方法

✣ 在煮好的起司醬中再加入一些融化的吉利丁液。

3. 做好的起司醬變乾變稠，不順滑

✣ 做好的起司醬沒有蓋保鮮膜。

✣ 做好的起司醬反覆加熱，或者加熱時的溫度過高。

✣ 在起司醬中加入少量的鮮奶油攪拌均勻，再次加熱融化，如果有融化不了顆粒，須再次過篩後再使用。

## 二、起司醬調色方法

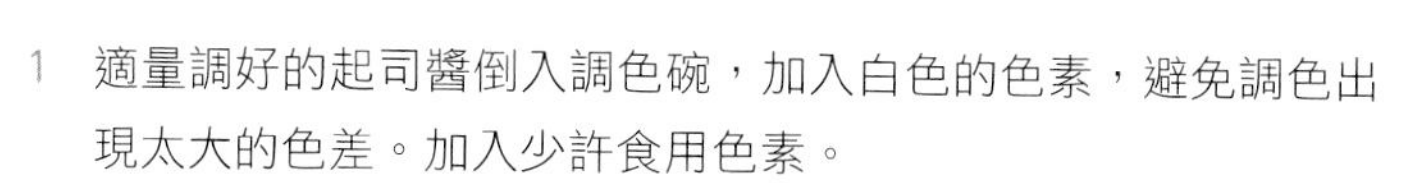

1 適量調好的起司醬倒入調色碗，加入白色的色素，避免調色出現太大的色差。加入少許食用色素。

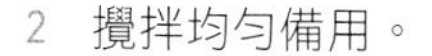

2 攪拌均勻備用。

1

2

小貼士

加入色素後，色素不能完全和起司醬融合到一起，有顆粒感

✣ 使用了水性色素，起司醬裡面放了油性材料，儘量選用水油兩用或者油性色素。

✣ 將調色失敗的起司醬放入冰箱，等起司醬凝固後，用軟刮片攪拌，把色素攪拌均勻後，再次加熱使用。

## 三、起司醬用途及使用技巧

### 1. 用於圖案的臨摹繪畫

起司醬在35℃以上都是流動的濃稠液體狀態，溫度在30℃左右的時候是固體的狀態，利用這種特性臨摹圖片，沒有繪畫基礎也可以做出精美的手繪蛋糕。

圖片繪製小技巧

1 圖案繪製過程中，描線條的起司醬要稍微稠一點，擠幾條並排的線條，線條不會馬上融合到一起，線條不擴散變寬。
2 圖案繪製過程中，填充色塊的起司醬要稍微稀一點，擠幾條並排的線條，線條可以馬上融合到一起，但是擠出來的起司有一定的凝聚性，不流淌變形。
3 起司醬的濃稠度和起司醬的溫度有關，溫度越低，起司醬越稠。起司醬太稀，繪製圖案容易出現太薄不好脫模的情況，太稠容易出現圖案表面不光滑的現象。

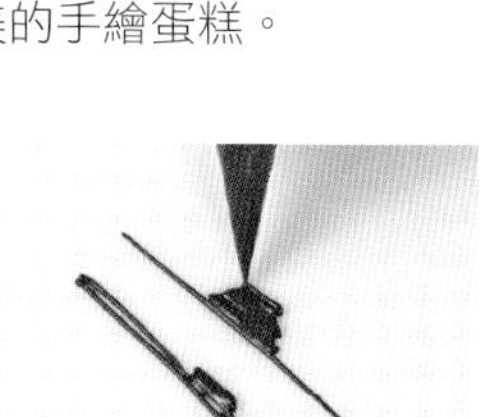

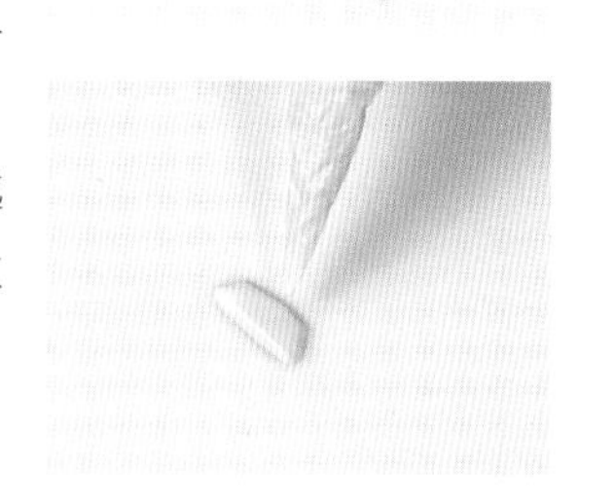

小貼士

1. 畫好的圖片輪廓線條不清晰

原因
✣ 輪廓線條太細。
填充的起司醬太稀，填充時擠起司醬的力度太大。

解決方法
✣ 再填充一次輪廓線條，增加立體感。

2. 畫好的圖案脫模時容易出現破損

原因
✣ 輪廓線條太細或畫輪廓線條的起司醬太稀。
✣ 中間填充的色塊和輪廓線條之間有縫隙。
✣ 繪製好的圖案整體太薄。

解決方法
✣ 在畫圖前玻璃紙上抹少許的植物油。
✣ 畫好的圖案需要放入冰箱冷凍，定型後再脫模。

3. 畫好的圖案出現串色

解決方法
✣ 在調棕色和黑色時選用可可粉調色，可以避免顏色混淆的情況。

### 2. 用於蛋糕的淋面裝飾

用於蛋糕淋面的起司醬溫度保持在37℃左右。太稀淋面太薄，太稠淋面不流暢。

# 糖霜餅乾製作

✣ ✣ ✣

## 一、奶油餅乾

材料

奶油 ............... 60 克

糖粉 ............... 30 克

雞蛋 ............... 25 克

高筋麵粉 ........ 20 克

低筋麵粉 ...... 130 克

操作步驟

1 奶油與糖粉一起攪打至發白。
2 分次加入雞蛋，攪拌均勻。
3 加入高筋麵粉和低筋麵粉，攪拌均勻。
4 把麵團揉搓光滑。

5 用擀麵棍把麵團擀成0.3公分厚的片狀。

6 擀好的麵團，放入冰箱冷凍20分鐘定型。

7 用模具壓出需要的形狀。

8 列印好的圖片沿著距離邊緣0.3公分的位置，把圖案剪下。

（餅乾在烘烤的過程中會有回縮的現象，所以在剪裁圖案時，在圖案邊緣位置留出0.3公分左右的距離。）

9 貼在定型好的麵團上，用美工刀沿著邊緣切割出形狀。

（冷凍定型好的麵團，切割的邊緣會更整齊美觀。）

10 造型做好後，放入冰箱冷凍定型，再放入烤盤中。

11 在餅乾上紮上小孔方便排氣。

（紮上小孔可以避免餅乾在烘烤的過程中鼓包，造成受熱不均勻，餅乾變形的情況。）

12 烤箱溫度上火170℃、下火150℃烤30分鐘左右，烤至金黃色即可出爐。

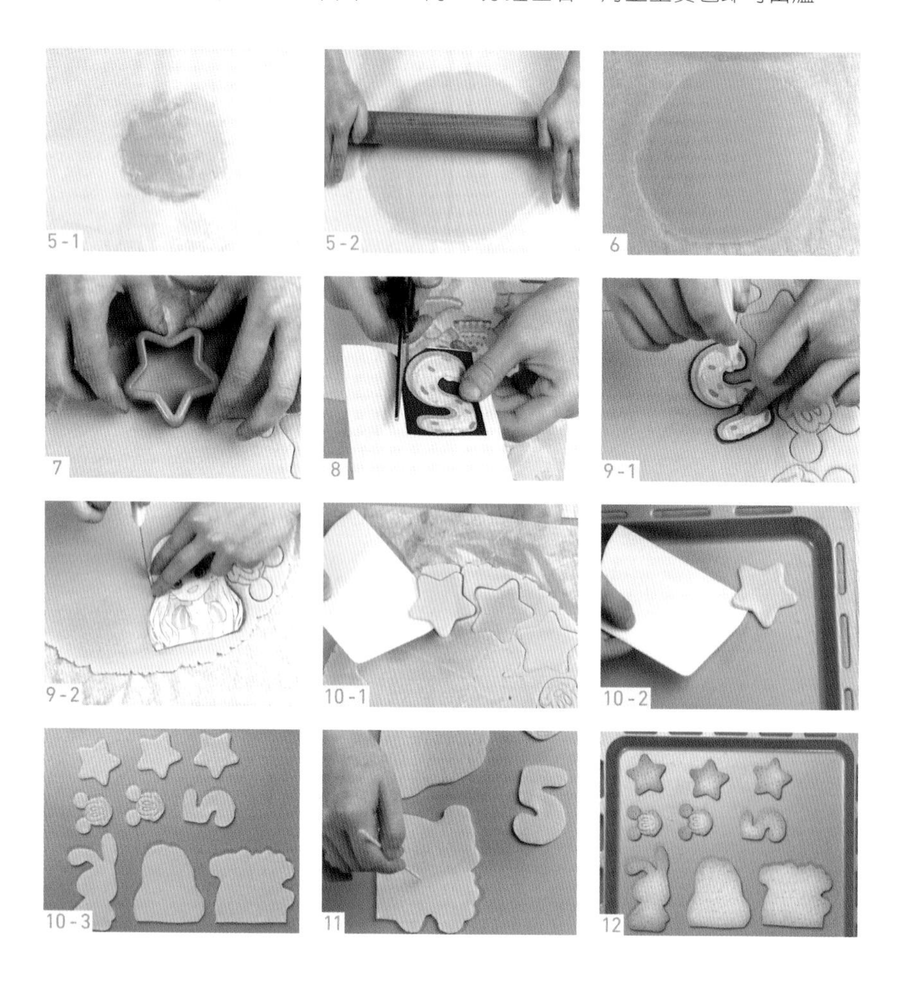

小貼士

1. 做好的餅乾麵團表面不光滑，很難擀開

原因 ✣ 麵團打發過度，起筋。

解決方法 ✣ 加入麵粉後，攪拌均勻，麵團表面光滑即可。

2. 做好的餅乾很容易碎

原因 ✣ 奶油打發過度。

解決方法 ✣ 奶油只需要和糖粉攪拌均勻即可。

## 二、糖霜

材料

蛋白 ............... 90克

糖粉 ............. 500克

操作步驟

1. 蛋白中加入過篩2次的糖粉。
2. 用慢速把蛋白和糖粉攪拌均勻。
3. 開高速打發至八成，黏稠光滑的狀態。
4. 打好後蓋上保鮮膜，防止風乾。

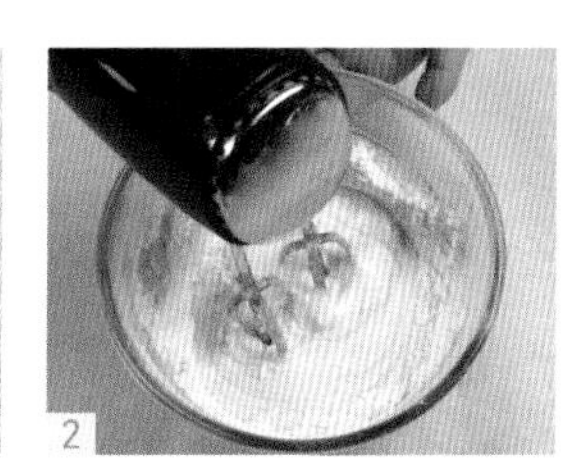


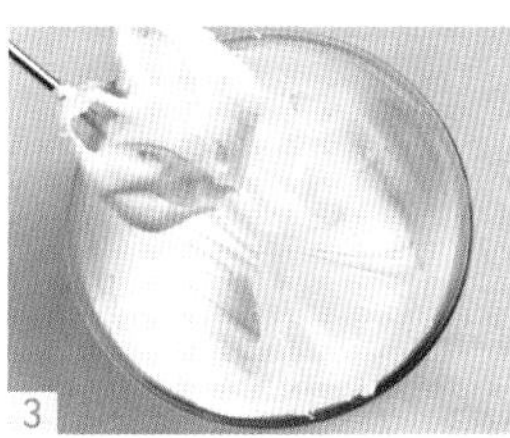


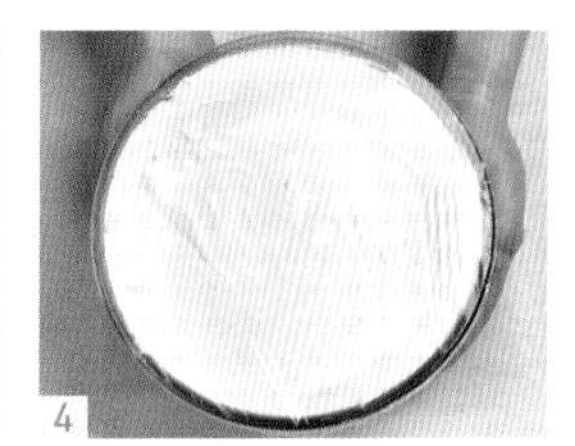

## 三、糖霜調色技巧

1 取少量打好的糖霜，加入少許純淨水。
（純淨水要少量多次添加，注意觀察糖霜的狀態。）
2 調到濃稠的流動狀態。
（糖霜有堆積紋路，10秒鐘左右紋路會消失。）
3 加入食用色素，攪拌均勻，裝入裱花袋備用。

1

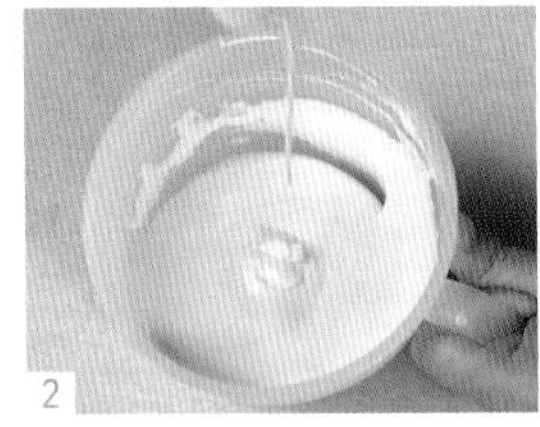
2

3-1

3-2

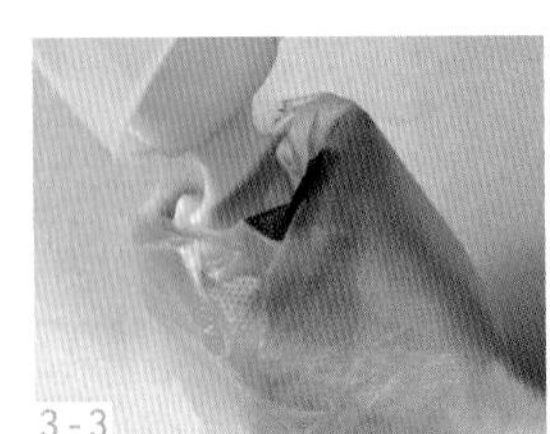
3-3

小貼士

1.糖霜打發之後，有很多的小顆粒，不順滑

原因 ✣ 使用的糖粉顆粒太大。

解決方法
✣ 用較細膩的糖粉打發糖霜。
✣ 打發前把蛋白和糖霜混合一起，隔水加熱至50℃。

2.調好的糖霜太稀或太稠

解決方法 ✣ 太稀了可以加糖粉調節，太稠了繼續加水調節。

PART

# 05 零基礎進階裱花蛋糕製作

# 海洋主題杯子蛋糕

## 材料

烤好的杯子蛋糕（參考香草戚風杯子蛋糕的製作方法）、巧克力飾件、糖珠。

特大號8齒花嘴。

## 操作步驟

1. 裱花袋裡裝入2種不同深淺的顏色的奶油，用特大號8齒花嘴在杯子蛋糕的表面擠曲奇玫瑰花邊作裝飾。在調奶油顏色時，注意兩個顏色要有明顯的區別。
2. 放上巧克力做的魚尾作裝飾，搭配貝殼類的飾件。可以在巧克力的表面刷上銀粉或者彩光粉，增加巧克力表面的光澤度。
3. 放上糖珠作點綴，海洋主題杯子蛋糕即製作完成。

| 關鍵點 | 1. 同樣的方法可以做其他主題的杯子蛋糕，如森系田園風、中國風等。<br>2. 注意不同主題的蛋糕需要選擇不用顏色的紙杯和裝飾品，如：田園風可以選用鮮花和果乾作裝飾，中國風可以選用祥雲、福娃、錦鯉作裝飾。 |
|---|---|

1-1

1-2

2-1

2-2

3

# 精緻風格杯子蛋糕

## 材料

烤好的杯子蛋糕，調好顏色的奶油，糖珠，特大號8齒花嘴、359號花嘴、中號5齒花嘴。

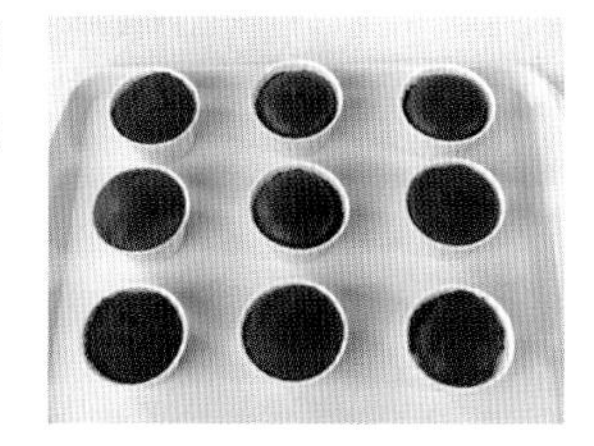

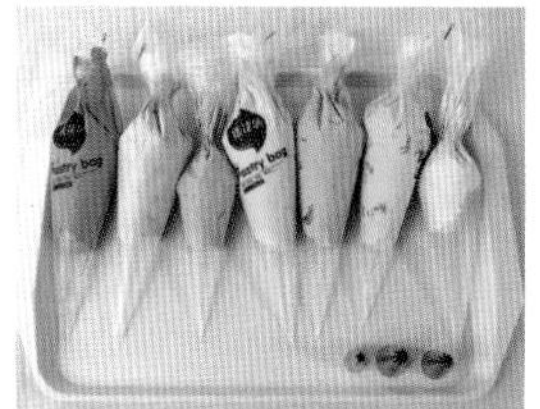

## 操作步驟

1 用特大號8齒花嘴在杯子蛋糕上擠曲奇玫瑰花邊，1個杯子蛋糕擠2到3個花邊。
2 用中號5齒花嘴在玫瑰花邊的縫隙處擠星星邊，注意顏色的漸變效果。
3 撒上不同大小的白色和金色的糖珠，這款蛋糕就製作完成了。

調色的奶油不能用太軟的奶油，想要花邊紋路更清晰，可以選用奶油霜調色。

1

2-1

2-2

3

HAVE A GOOD DAY
HAVE A GOOD DAY
HAVE A GOOD DAY
HAVE A GOOD DAY
HAVE A GOOD DAY

# 巧克力風味杯子蛋糕

## 材料

烤好的巧克力杯子蛋糕（參考巧克力海綿蛋糕的製作方法），奶油，巧克力塊、巧克力醬、可可粉、堅果。

甘納許

黑巧克力……100克

鮮奶油………100克

## 操作步驟

1 製作甘納許。巧克力隔水加熱融化，水加熱的溫度不要超過60℃，避免巧克力油脂分離，倒入常溫鮮奶油，攪拌至完全融合，冷卻至常溫備用。

2 甘納許的溫度在30℃左右時，加入打發好的奶油，攪拌均勻。

3 用帶有不同花嘴的裱花袋裝入奶油擠不同類型的花邊裝飾杯子蛋糕。

4 用巧克力塊、巧克力醬、可可粉和堅果裝飾蛋糕。也可以用水果裝飾，注意顏色搭配。

5 這款巧克力風味杯子蛋糕就製作完成了。

1-1

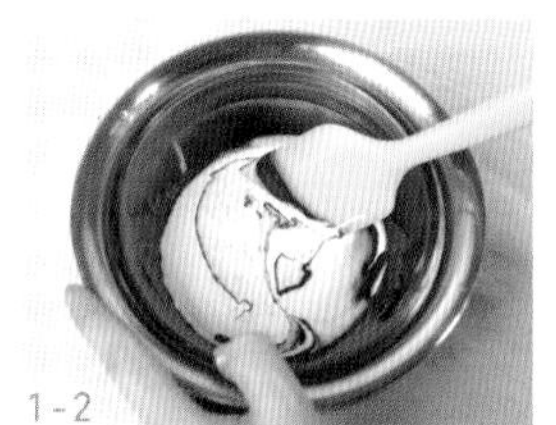

1-2

1-3

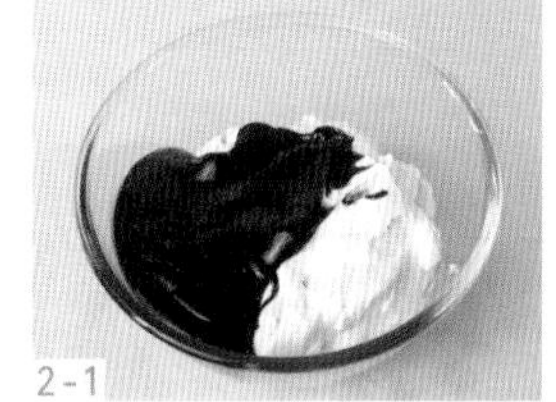

2-1

2-2

3-1

3-2

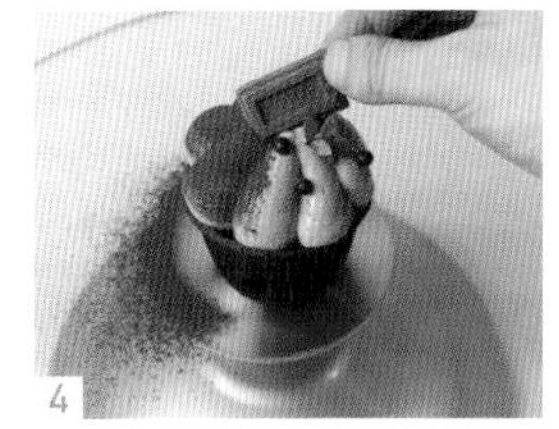

4

5

| 關鍵點 | 煮好的甘納許可以冷藏保存1周，可以用於製作夾心、慕斯，淋面。 |
| --- | --- |

HAVE A GOOD DAY

# 紅絲絨裸蛋糕

## 材料

6寸蛋糕體，奶油，草莓、藍莓等水果，糖粉。

## 操作步驟

1 準備烤好的蛋糕體。
2 用6寸慕斯圈，切割出4片蛋糕體，切割出來的蛋糕體邊緣更整齊。
3 取1片蛋糕體放在蛋糕底托上，用裱花袋裝奶油，在蛋糕的邊緣擠水滴邊作裝飾。
4 中間放上切好的水果作夾心，上面再放1層蛋糕體。
5 以此類推，堆疊4層蛋糕，注意要疊加整齊。
6 表面擺放切半的草莓作裝飾。
7 放上藍莓，撒上糖粉作裝飾，紅絲絨裸蛋糕就製作完成了。

| 關鍵點 | 同樣的方法也可以做其他口味的裸蛋糕，如抹茶味、巧克力味、原味等。 |
| --- | --- |

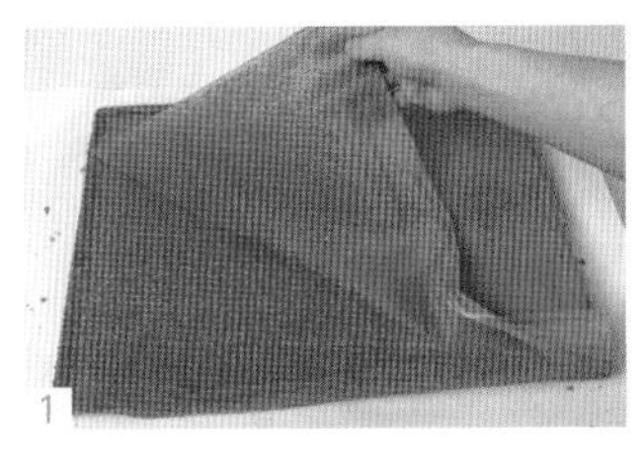
1

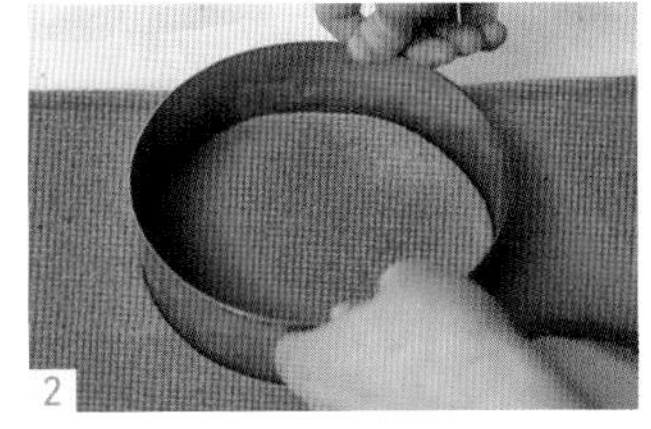
2

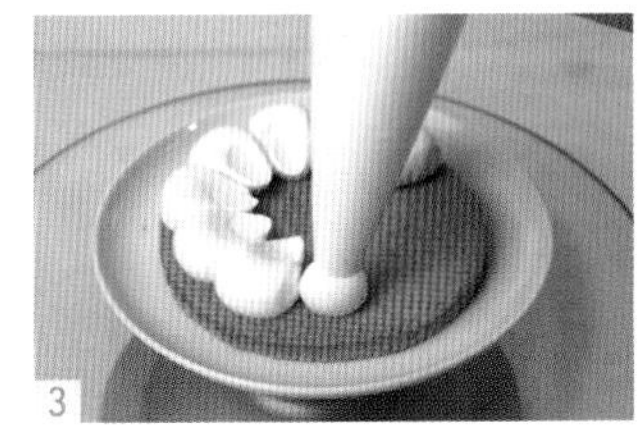
3

4-1

4-2

5

6

7

HAVE A GOOD DAY

# 數字蛋糕

## 材料

蛋糕體，草莓、藍莓、黑莓等水果，馬卡龍，薄荷葉。

## 操作步驟

1 將列印好的圖片剪出數位的形狀，用鋒利的小刀沿數字的邊緣切割蛋糕體。
2 裁剪好的蛋糕放在蛋糕底托上，表面擠圓點邊作裝飾，花邊的高度在2公分左右，注意花邊外側不要超出蛋糕邊緣。
3 把第二層蛋糕疊加上去，同樣擠圓點邊，疊加時要注意和底部的蛋糕對齊。
4 放上馬卡龍作裝飾，馬卡龍錯開擺放。
5 放切塊的草莓作裝飾。
6 在縫隙位置放藍莓、黑莓、薄荷葉點綴，蛋糕就製作完成了。

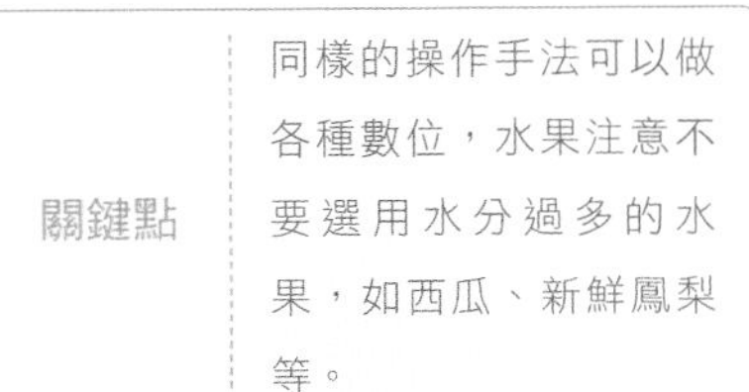

關鍵點

同樣的操作手法可以做各種數位，水果注意不要選用水分過多的水果，如西瓜、新鮮鳳梨等。

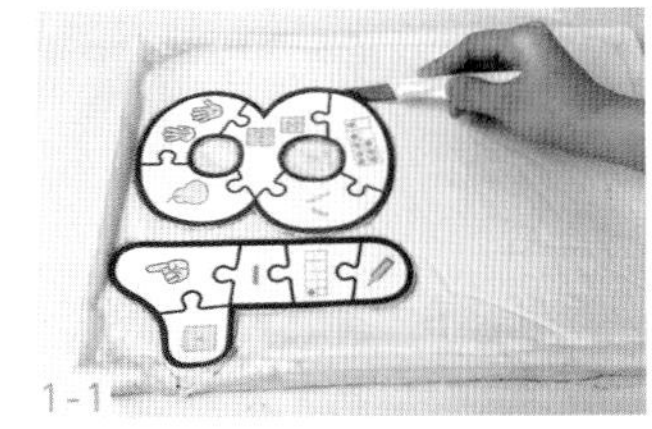

1-1

1-2

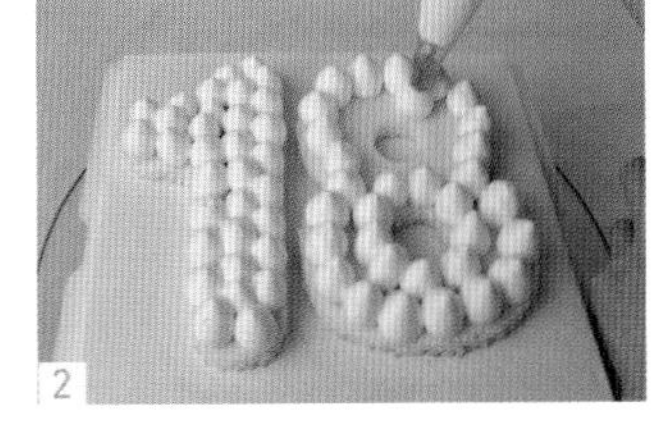

2

3

4

5

6

HAVE A GOOD DAY

# 抹茶奶油水果裝飾蛋糕

材料

水果、6寸蛋糕體（高度8公分左右）、即食抹茶粉、鮮奶油、薄荷葉、糖粉。

操作步驟

1 用白色奶油給蛋糕抹面，用刀尖在蛋糕表面的奶油上刮出花紋。
2 抹茶粉中倒入少許鮮奶油，調成抹茶醬，打發好的奶油中加入抹茶醬，攪拌均勻，製成抹茶味奶油。
3 調好的抹茶奶油均勻擠在抹好的蛋糕側面，用軟刮片刮光滑。

4 用抹刀把蛋糕移到底座上。
5 把切成小塊的無花果放在蛋糕表面的邊緣，注意間隔均勻，在無花果的縫隙放黑莓和草莓作裝飾，放上藍莓、堅果點綴。
6 放上薄荷葉增加色彩，撒上糖粉，這款水果裝飾蛋糕就製作完成了。

1

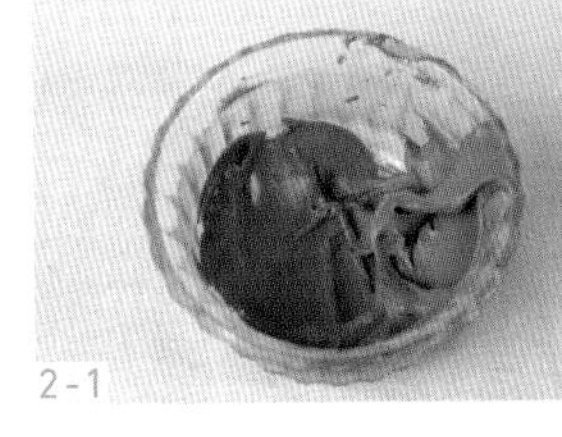
2-1

2-2

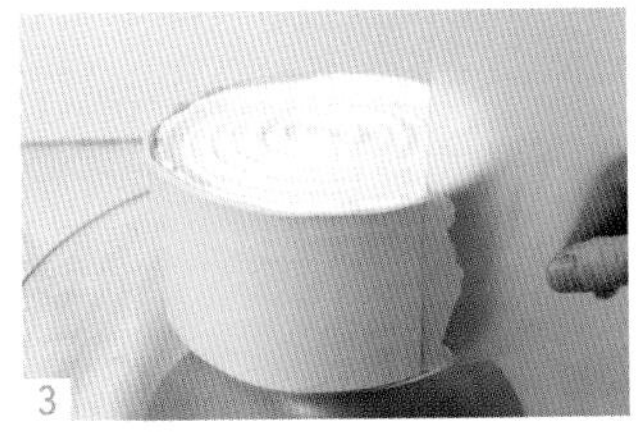
3

4

5-1

5-2

6

HAVE A GOOD DAY

# 巧克力淋面裝飾蛋糕

材料

6寸蛋糕體、水果、巧克力、清香木。

操作步驟

1 用白色奶油給蛋糕體抹面。融化的巧克力用裱花袋裝好，剪一個小口。沿著蛋糕的邊緣，慢慢擠出巧克力，讓巧克力自然滴落，形成不規則的水滴狀。
2 在蛋糕邊緣的位置放上切塊的無花果，注意位置間隔均勻，在無花果之間的空隙位置，放上草莓、黑莓作裝飾。
3 放上藍莓和清香木點綴，這款蛋糕就製作完成了。

1

2-1

2-2

3

| 關鍵點 | 淋面巧克力的溫度在35℃左右，溫度太高，淋面太稀、太薄，沒有立體感；溫度太低，巧克力不流動，淋面不光滑、不流暢。 |
| --- | --- |

AVE A GOOD DAY

# 巧克力櫻桃水果蛋糕

## 材料

6寸蛋糕體、櫻桃奶油、水果、巧克力片、巧克力碎、糖粉。

1 蛋糕的表面抹一層櫻桃奶油，抹好面的蛋糕放在蛋糕底托上備用。
2 把做好的巧克力片掰成不規則的小片，貼在蛋糕的表面，用麻繩把巧克力片固定好，掰的時候注意巧克力片的長度不要低於蛋糕的高度。
3 表面撒滿巧克力碎。
4 放上水果作裝飾。
5 撒上糖粉，這款蛋糕就製作完成了。

| 關鍵點 | 櫻桃口味奶油：打發好的奶油中倒入櫻桃果泥攪拌均勻即可。 |
| --- | --- |

# 糖霜餅乾飾件蛋糕

## 糖霜餅乾公主款

### 材料

小公主、字牌（糖霜餅乾），頭髮和城堡（翻糖皮），小花、葉子（翻糖模具類飾件）。

6寸加高抹面蛋糕（高度13公分左右）。

### 操作步驟

第一步：畫圖

1 烤好的餅乾，畫出圖案的輪廓線，先畫頭髮部分。
2 畫眼睛、嘴巴部分，等糖霜乾了之後，再填充臉部。
3 同時填充的兩個顏色可以融合到一起。
4 糖霜餅乾完全乾了之後，使用可食用色素筆劃出五官線條。
5 用毛筆沾色素，畫出五官細節和整體的輪廓線。
6 用毛筆少量多次的沾取粉色色粉，畫出腮紅，小公主就完成了。

第二步：組裝

7 蛋糕表面放城堡、糖霜餅乾、翻糖皮做的頭髮作裝飾，注意前低後高。
8 在頭髮上裝飾小花和小葉子，翻糖飾件刷水黏合。
9 這款蛋糕就製作完成了。

1-1

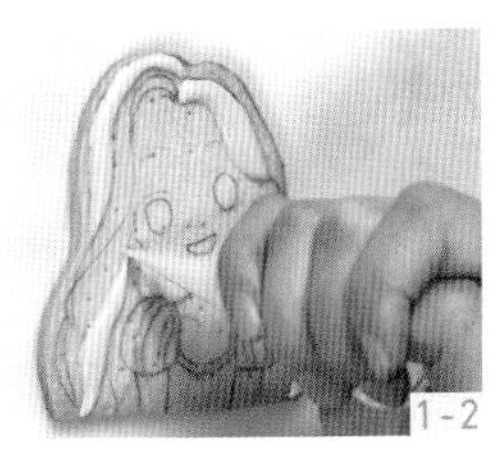
1-2

2-1

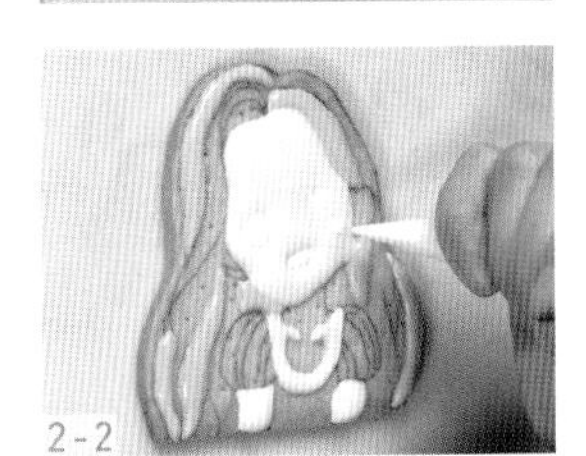
2-2

3

4

5

6

7

8

9

# 奶油霜手繪蛋糕

## 手繪兔子女孩款

### 材料

6寸抹面蛋糕（高度8公分左右）、調好顏色的奶油霜。

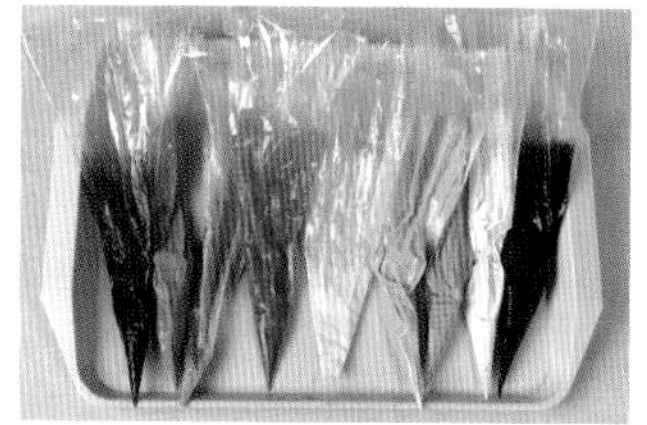

### 操作步驟

1 列印好的圖片，表面蓋1張玻璃紙，用資料夾固定好。
2 先填充小女孩的臉部，留出眼睛的位置，用刮片把表面刮光滑。
3 填充小女孩的衣服和裙子。
4 把圖案放入冰箱冷凍5分鐘再用軟刮片把奶油霜的表面修光滑。
5 擠上小女孩的頭髮，用毛筆劃出頭髮的紋理。
6 填充兔子形狀的帽子，該部位的奶油霜要稍厚一點，用毛筆戳出表面毛茸茸的效果。
7 用白色奶油霜填充眼睛部分，眼睛部分的奶油霜填充不能高出臉部。
8 用毛筆沾色素，畫出小女孩的五官和腮紅。

1

2

3-1

3-2

4

5-1

5-2

6

7

8

9 給眼睛加上白色高光，放入冰箱冷凍10分鐘，把冷凍好的圖案用油畫刀挑起放在蛋糕的表面上。

10 表面用不同顏色的奶油霜擠出不同的小圖案裝飾，表面的小圖案根據蛋糕的主題設計。

11 蛋糕底部用打至六成發的奶油擠上圓點邊裝飾。

12 這款手繪兔子女孩蛋糕就製作完成了。

9

10

11

12

**關鍵點**

畫人物的眼睫毛之類比較細緻的線條，建議使用超細勾線毛筆，即型號為00000號的勾線筆，會更精細些。

HAVE A GOOD DAY

# 奶油裱花蛋糕

## 奶油裱花玫瑰花款

### 材料

6寸加高抹面蛋糕（高度9公分），裱花棒，圓形花嘴、124號花嘴，調好顏色的奶油，糯米托，插牌。

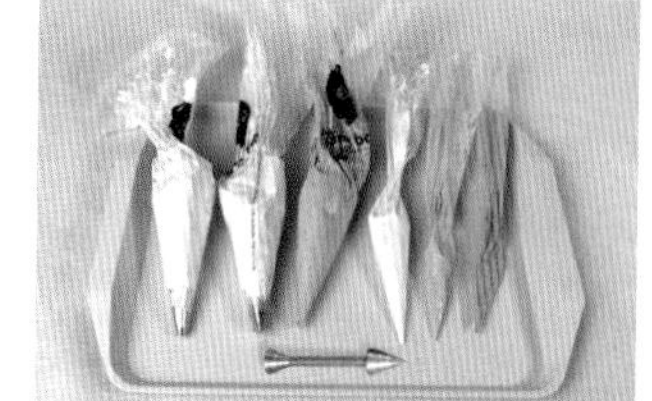

第一步：裝飾蛋糕

1. 用圓形花嘴在蛋糕底部擠上水滴邊裝飾。
2. 用124號花嘴在蛋糕的中間位置擠2條圍邊。可先用牙籤劃出位置定位。
3. 用3個顏色不同深淺的奶油，在2條圍邊之間擠出平面玫瑰作裝飾。
4. 用綠色的奶油擠上葉子。
5. 蛋糕表面擠上弧形花邊裝飾。

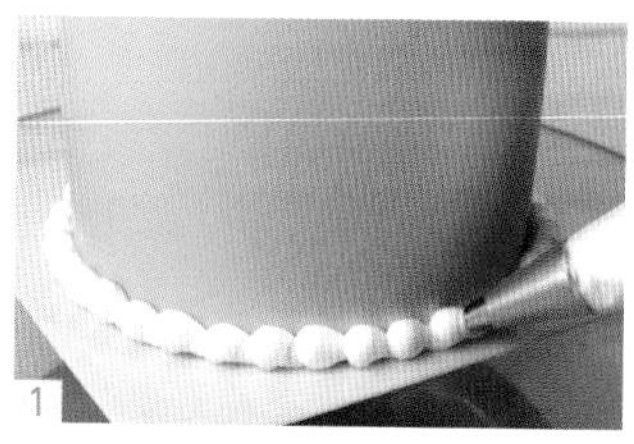

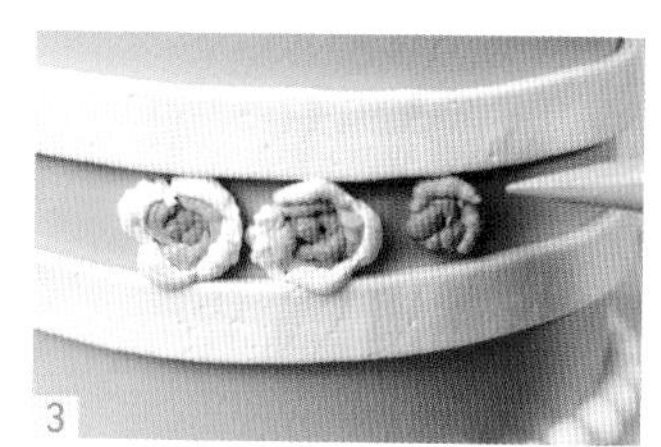


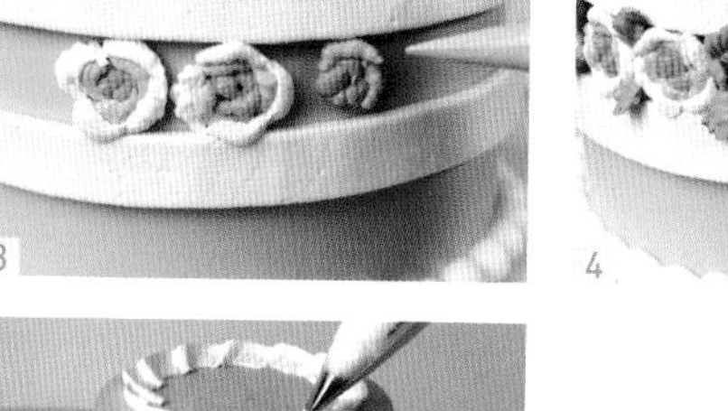

第二步：擠玫瑰花

6 把糯米托套在裱花棒上，花嘴長的一端朝下，擠出奶油把糯米托的頂端包裹住。

7 第二片花瓣包裹住第一片花瓣介面的位置，比第一片花瓣位置高一些。

8 第三片花瓣包裹住第一片和第二片花瓣的介面位置，以此類推。

9 1朵玫瑰花做大概15片花瓣左右，第一、第二層擠3片花瓣，第三層4片花瓣，第五層5片花瓣，可以減少玫瑰花的層數自由調整玫瑰花的大小。

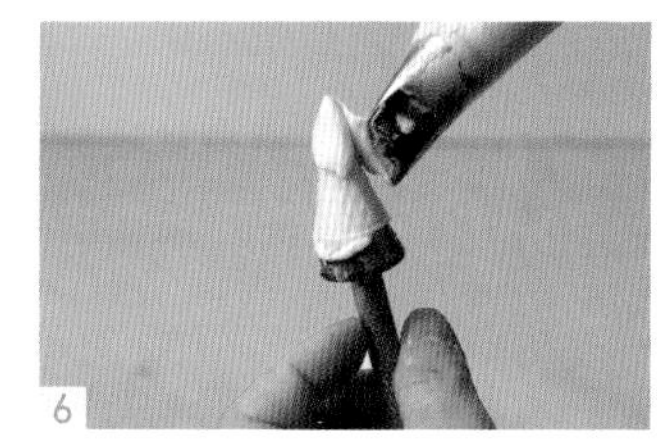

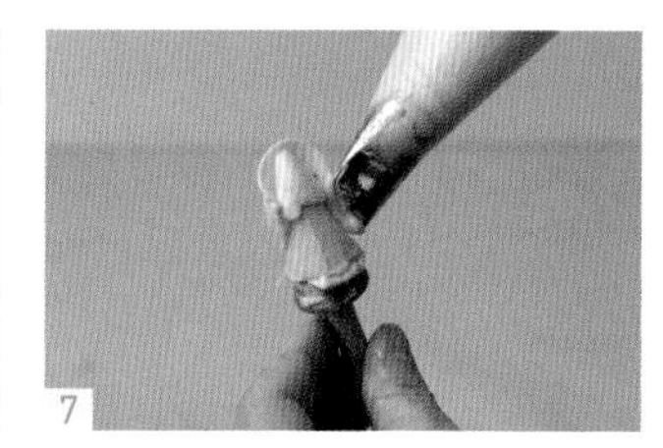

第三步：組裝

10 做好的玫瑰花用剪刀連著糯米托一起夾起放在蛋糕的表面，蛋糕表面可以擠上奶油作底座。

11 用綠色奶油在玫瑰花之間的縫隙位置擠上葉子作裝飾。

12 放上插牌，這款奶油裱花蛋糕就製作完成了。

| 關鍵點 | 1. 擠玫瑰花用的奶油七成發，比較光滑，有較好的支撐力。<br>2. 擠玫瑰花瓣時要根據不同的層數，調整花嘴的角度，層數越多花嘴的角度越大。<br>3. 裱花瓣時，需要一邊擠奶油，一邊轉動裱花棒。 |
| --- | --- |

## 奶油裱花牡丹花款

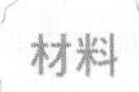


6寸加高抹面蛋糕（高度9公分），裱花棒、裱花釘，124號花嘴、104號花嘴、112號花嘴、10齒花嘴。

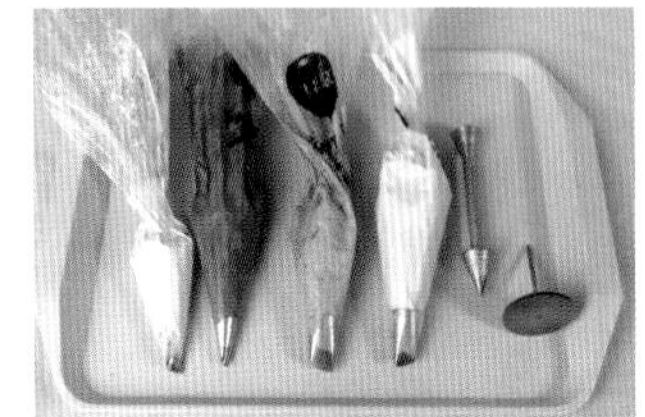

### 操作步驟

第一步：裝飾蛋糕

1 用裱花袋裝奶油在蛋糕的表面擠上圓條作裝飾。
2 用10齒花嘴在蛋糕表面的邊緣位置擠上交叉的貝殼邊裝飾。

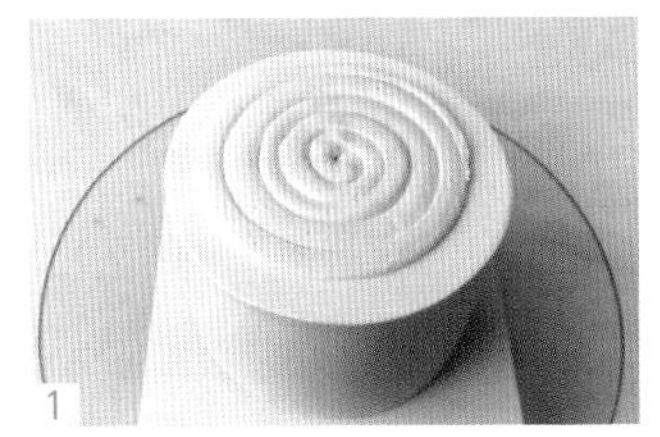
1

2

第二步：擠牡丹花

3 把糯米托放在裱花棒的底部，空心朝上。
4 用124號花嘴在糯米托的邊緣位置擠1圈奶油。
5 擠扇形花瓣，一邊擠奶油，一邊轉動裱花棒，1層的花瓣是8～9片。
6 第二層的花瓣比第一層稍小一點，也是8～9片。

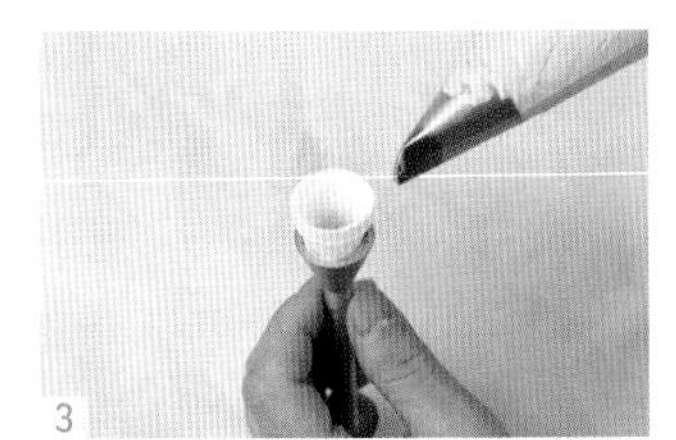
3

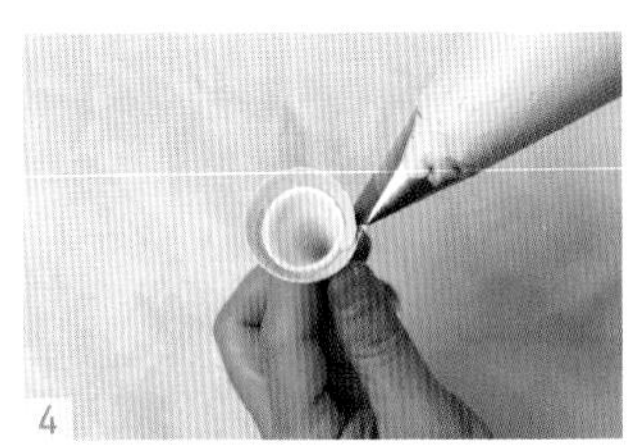
4

5-1

5-2

6

第三步：組裝

7 把牡丹花放在蛋糕表面的左側，擠上花心作裝飾。
8 在表面有花邊的位置放上幾朵5瓣花點綴。
9 用112號花嘴，擠出葉子作裝飾。
10 蛋糕的底部先用軟刮片的邊印出一圈弧形標記，再擠弧形邊，在弧形邊的邊緣位置擠裙邊裝飾，最後擠上圓點邊裝飾。
11 奶油牡丹花蛋糕就製作完成了。

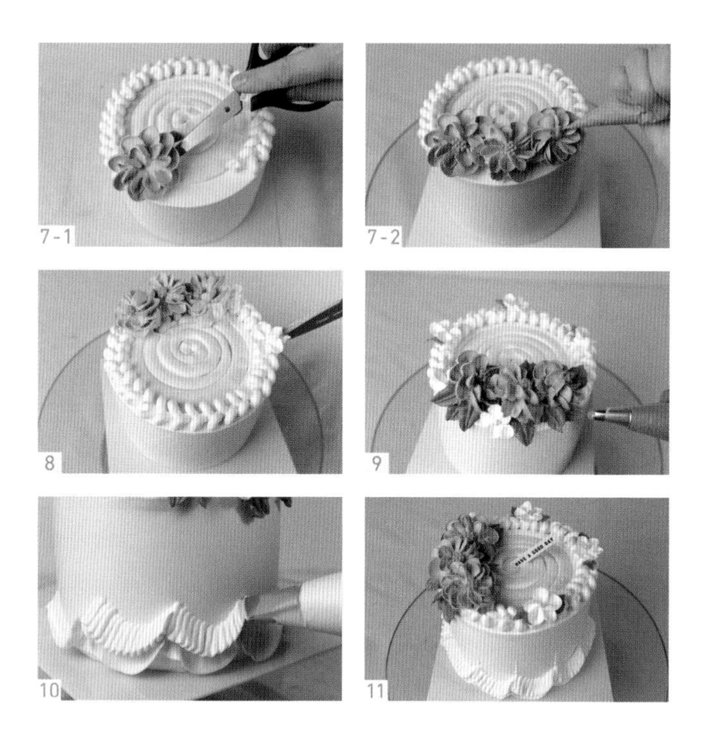

# 韓式裱花蛋糕

✣ ✣ ✣

## 一、韓式裱花的認識

韓式裱花是在惠爾通裱花方法基礎上，衍生和發展的一種裱花方法，近些年韓國開始有熱衷於裱花的烘焙者調整了原有花嘴的厚度，使製作出來的作品更接近於真實花卉，為了迎合亞洲人的口味，裱花材料也從原來油膩厚重的奶油霜換成了輕盈清爽的豆沙霜。

由於豆沙霜可塑性更強，豆沙裱花創造出更多以前沒有的花卉作品，目前也還在持續不斷地有新的技法和花型作品，韓式裱花蛋糕的造型華麗，色彩豐富，給人賞心悅目的視覺享受。由於製作相對較繁瑣，價格也較普通蛋糕更高一些，韓式裱花的消費人群以女性居多，韓式裱花一般用於大型宴會、生日會、周年慶、婚禮等重要場合。

## 二、豆沙霜調製方法

**材料**

白豆沙................200克

鮮奶油...................20克

**操作步驟**

1　將鮮奶油倒入豆沙中。

2　用軟刮刀翻拌均勻。

1

2

3 用軟刮刀的一面壓在豆沙表面，迅速提起，可以拉起小尖角即為混合均勻。

4 加入白色素攪拌均勻作為底色。

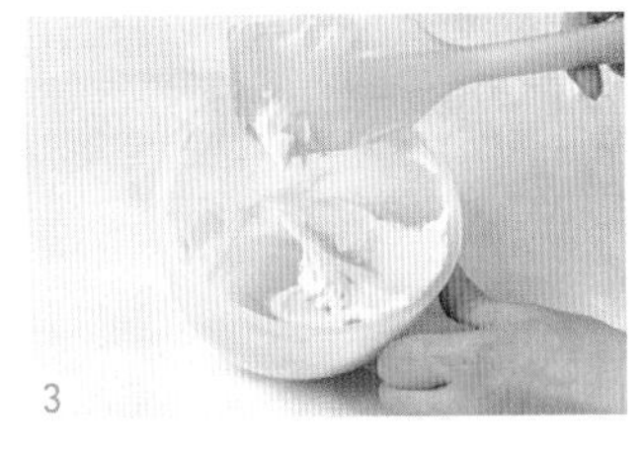
3

4-1

4-2

| 關鍵點 | 除了鮮奶油之外，還可以用奶油來製作豆沙霜，用奶油的豆沙霜口感偏厚重油膩。 |
| --- | --- |

## 三、豆沙霜調色技巧

### 1. 混合裝袋法

混合裝袋適合任何一種花型使用，也是在韓式裱花中運用最多的調色方法。

1 向豆沙霜中加入少量色素混合均勻。

2 在調好顏色的豆沙中加入一小團的白色豆沙，軟刮刀豎向混合。

3 不需要混均勻，保留2個顏色互相夾雜在一起的效果。

4 同樣的方法也可用3個顏色甚至更多，選擇多個顏色混合時，要注意顏色之間的搭配，避免太突兀。

1

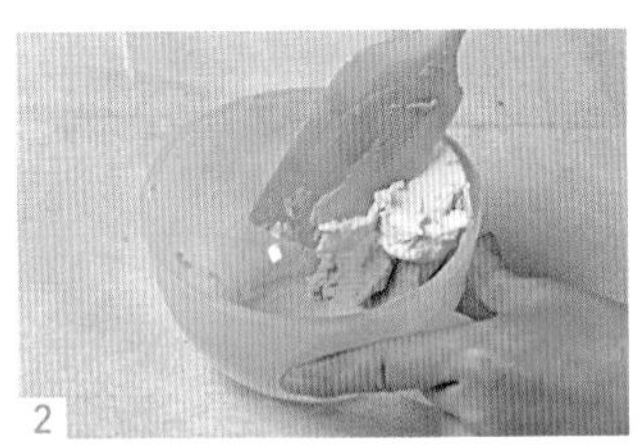
2

3

4-1

4-2

## 2. 豎向裝袋法

豎向裝袋一般用於製作平花，如聖誕玫瑰、蠟梅。也有包花使用這種裝袋方法，如毛莨花、芍藥花苞等。

1 豆沙霜裡加入少量的色素混合均勻，一般用軟刮刀豎向調色。
2 調出2個不同深淺的顏色。
3 把量少的顏色先裝袋，用刮片壓到裱花袋的一邊。
4 再裝入量較多的顏色，鋪平。

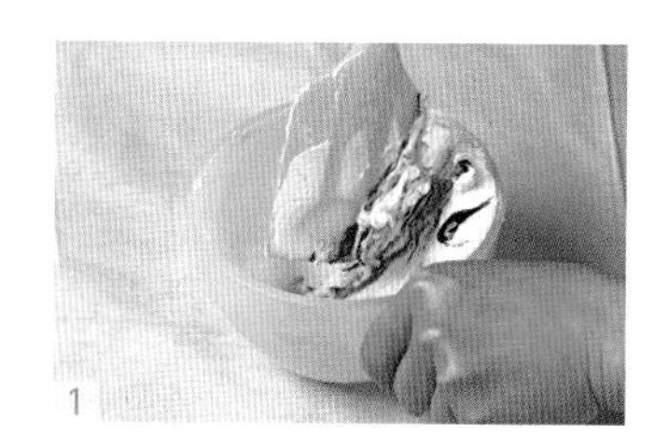

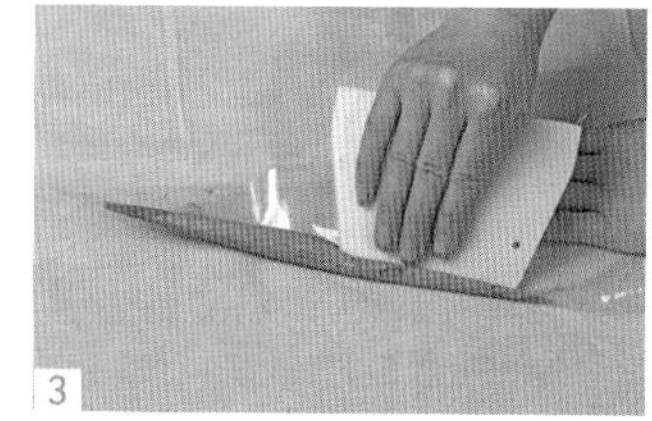

## 3. 橫向裝袋法

橫向裝袋一般用於大的包花，如玫瑰花、牡丹花等，可以做出花心顏色較深，外面花瓣較淺的漸變效果。

1 調好2個不同深淺的顏色。
2 先把深色裝入裱花袋，用刮片刮乾淨裱花袋。
3 再裝入淺色的豆沙。

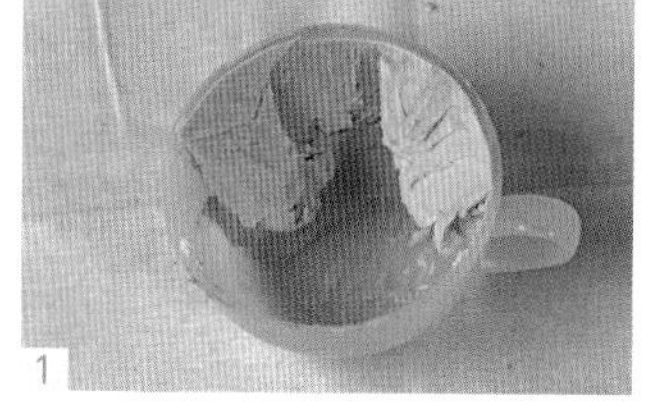

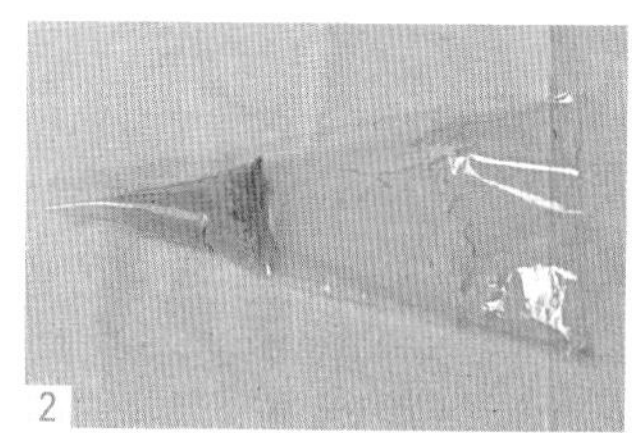

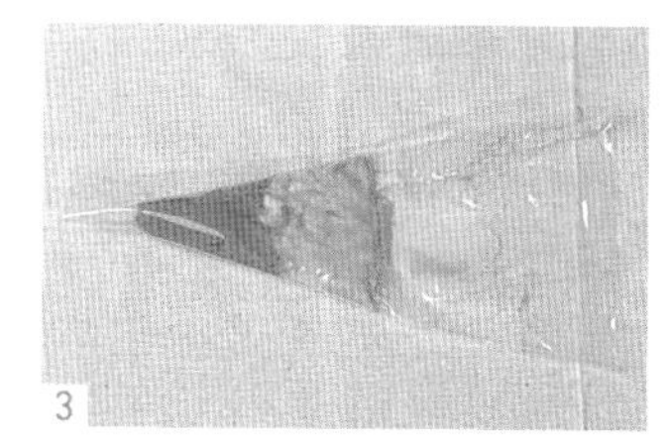

# 四、常見花型與飾件製作

### 玫瑰花

材料

104號花嘴，豆沙調色方法使用橫向裝袋法。

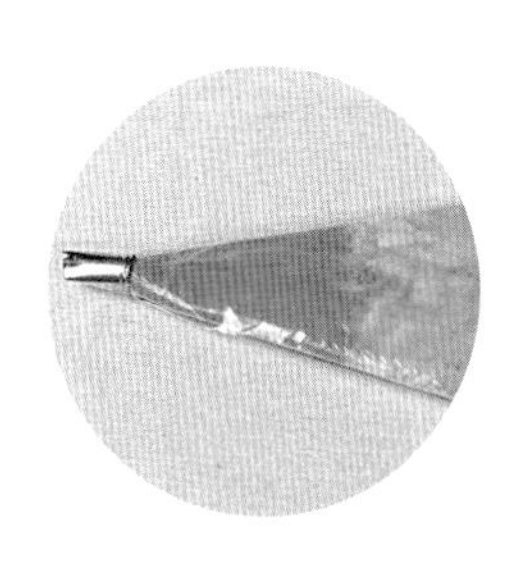

## 操作步驟

1 擠1個寬1.5公分，高2公分左右的圓錐形作為底座。
2 花嘴長的一端超下，短的一端朝上，花嘴和底座呈60°角，在底座1/3的位置開始擠，裱花釘往左邊轉，花瓣包住底座2/3的位置即可收力。裱花瓣時要邊擠豆沙邊轉裱花釘，花嘴一邊擠豆沙一邊走n字形，花瓣呈圓弧形。
3 第二片花瓣以同樣的角度在第一片花瓣空隙的位置擠1片，2片花瓣包緊不要有縫隙。

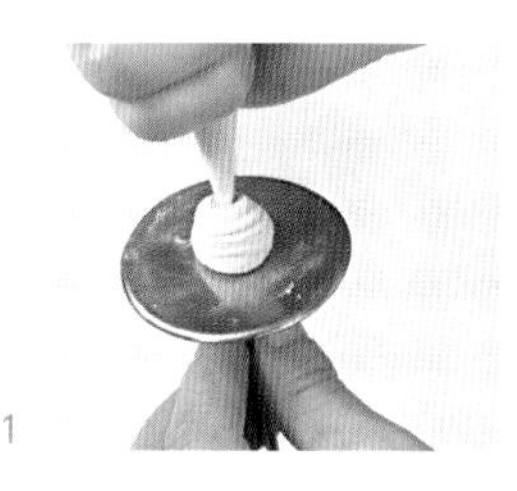
1

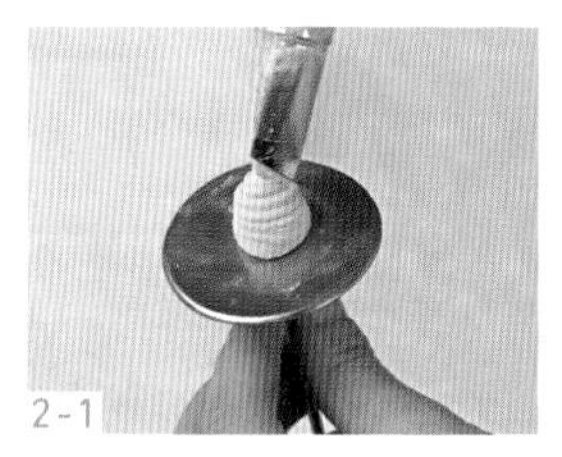
2-1

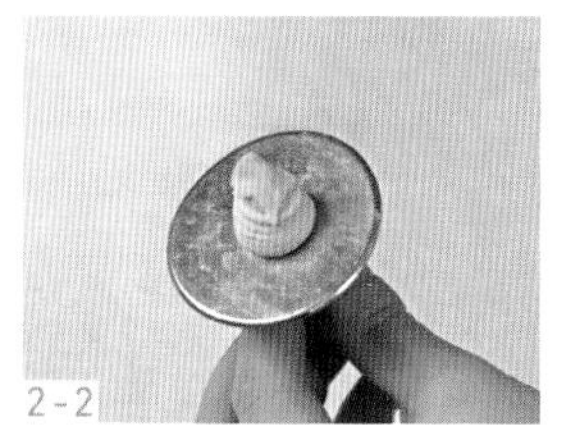
2-2

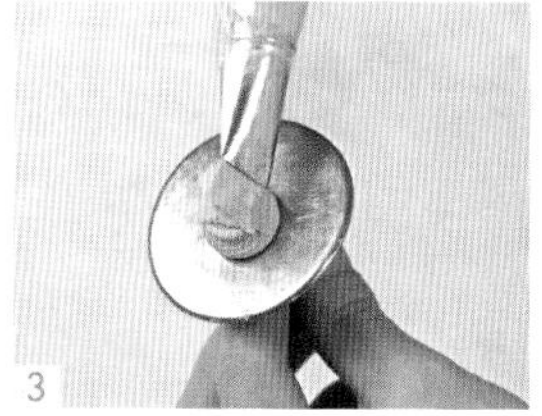
3

4 在2片花瓣之間的位置擠第三片花瓣，3片花瓣高度一致，作為花心。
5 第二層的花瓣，在第三片和第二片花瓣之間的位置擠第四片，花嘴角度不變，以此類推做3片。
6 做3層花瓣，1層比1層展開。
7 擠3片獨立的大花瓣收尾，花嘴長的一端緊緊貼著底座，擠豆沙霜時，裱花釘往右邊轉動。
8 1朵玫瑰花就製作完成了。

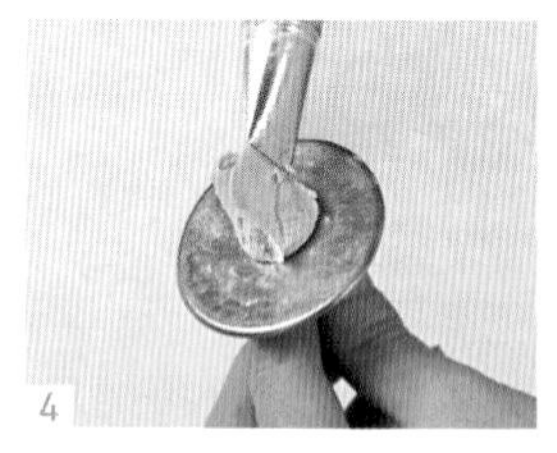
4

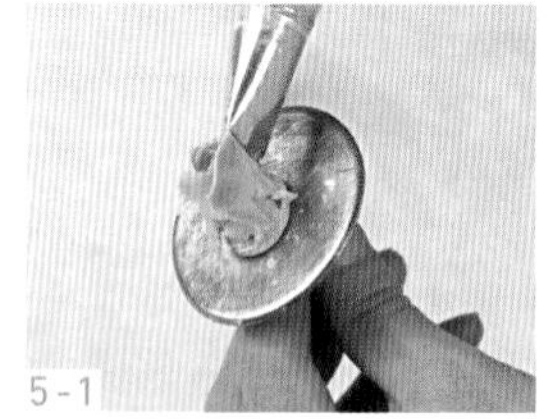
5-1

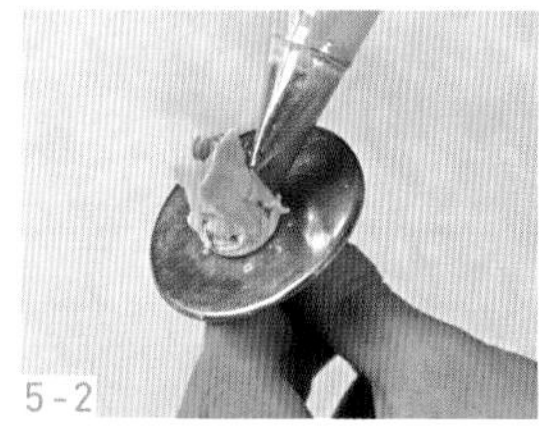
5-2

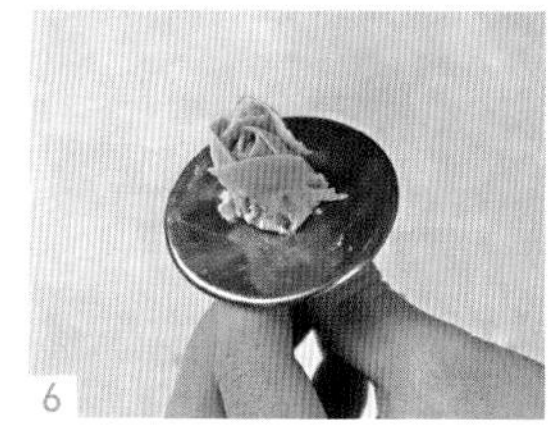
6

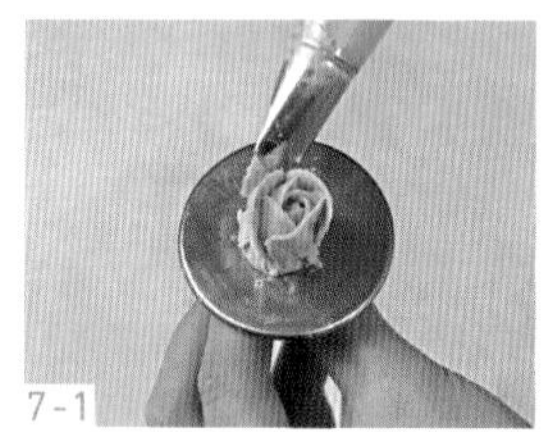
7-1

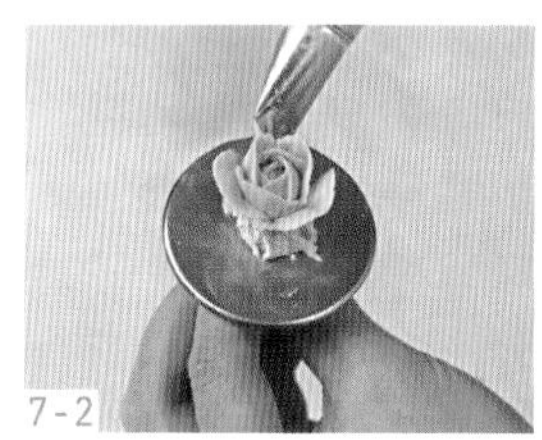
7-2

8

| 關鍵點 | 擠玫瑰花瓣時，花嘴長的一端一直貼著底座，花嘴短的一端隨著花瓣變化調整角度。 |
| --- | --- |

## 奧斯丁玫瑰

### 材料

124號花嘴，豆沙調色用橫向裝袋法。

### 操作步驟

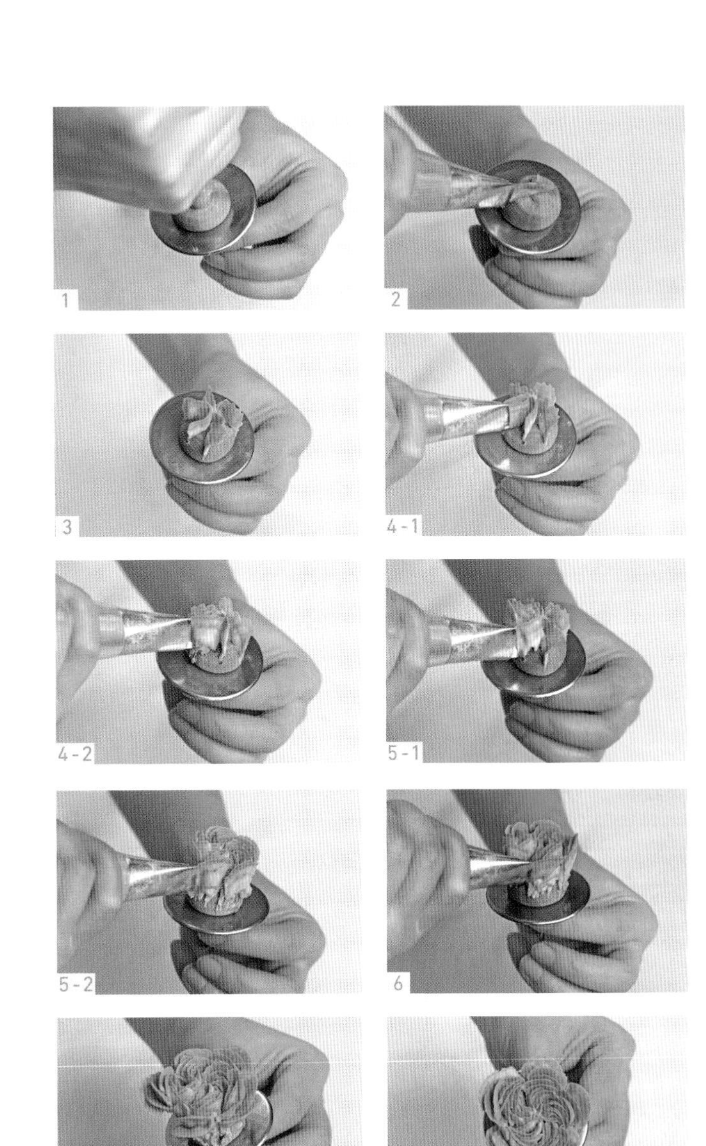


1 用裱花袋裝豆沙，在裱花釘上擠1個大圓柱，高2公分，寬3公分左右。
2 用124號花嘴裝豆沙裱花，花嘴長的一端朝下，花嘴垂直於底座的中心點，貼著底座，一邊擠豆沙，花嘴一邊往底座邊緣走，做1個長條形的花瓣。
3 同樣的方法做出5片花瓣，花嘴起始於同一個中心點。
4 在每片花瓣的右邊再繼續加花瓣，花嘴往左邊傾斜，一邊裱花瓣，裱花釘一邊往右邊轉動。
5 每片花瓣的右邊加7～8片花瓣。
6 花嘴傾斜於底座45°，花嘴長的一端緊緊貼著底座，裱花瓣時同時轉動裱花釘，擠出1.5公分左右的花瓣，花瓣微微打開。
7 每朵花打開的花瓣擠3～4瓣。
8 奧斯丁玫瑰就完成了。

| 關鍵點 | 擠中間的花心，力度不能太大，花心是中間位置。 |
|---|---|

## 毛茛花

124號花嘴，豆沙調色方法用豎向裝袋法，顏色淺的在裱花嘴短的一端。

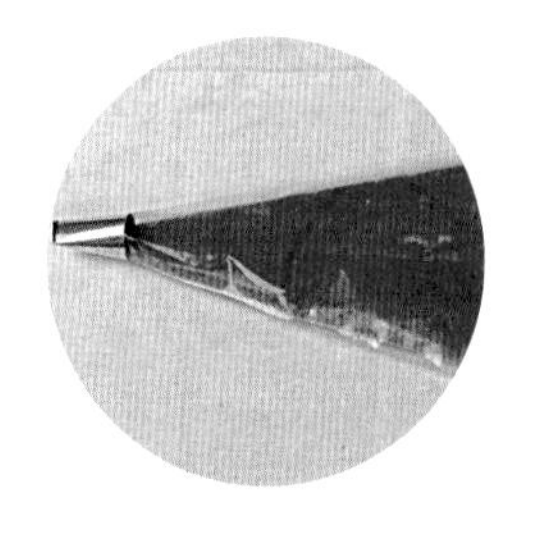

1 在裱花釘擠1個寬2公分，高3公分左右的圓錐形。
2 花嘴長的一端超下，短的一端朝上，花嘴和底座呈60°角，在底座1/3的位置開始擠，裱花釘往右邊轉，花瓣包住底座2/3的位置即可收力，擠每片花瓣，都要邊擠豆沙邊轉裱花釘，花嘴一邊擠豆沙一邊畫n字形，花瓣呈圓弧形。
3 第二片花瓣以同樣的角度擠在第一片花瓣空隙的位置，2片花瓣包緊不要有縫隙。

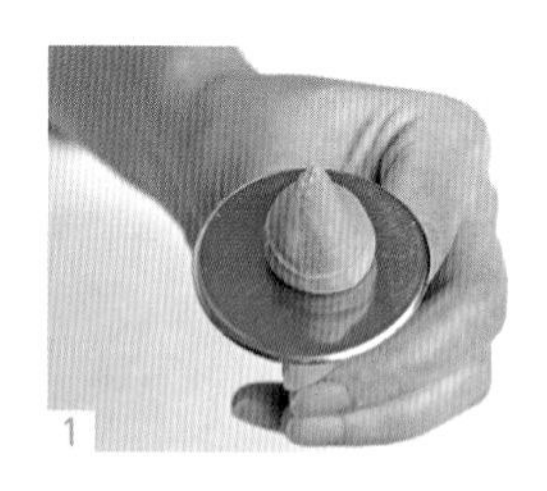
1

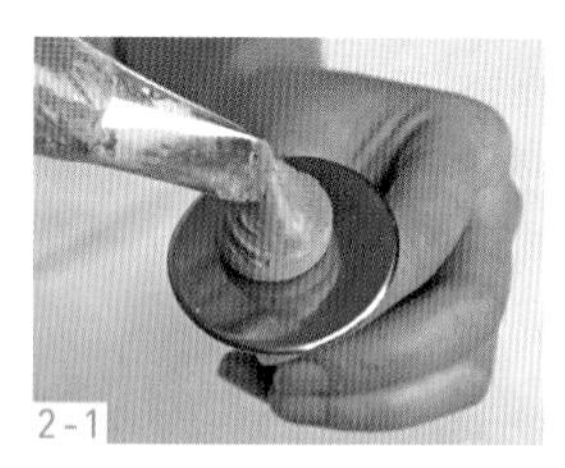
2-1

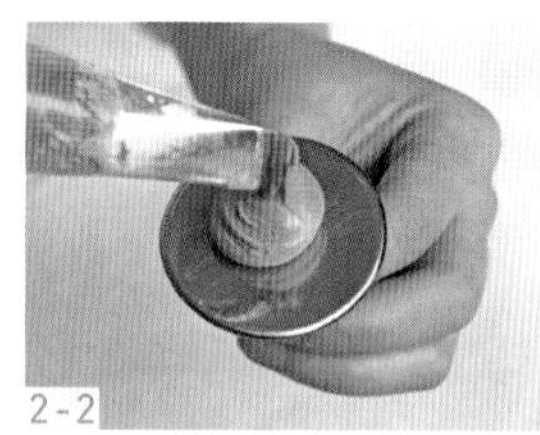
2-2

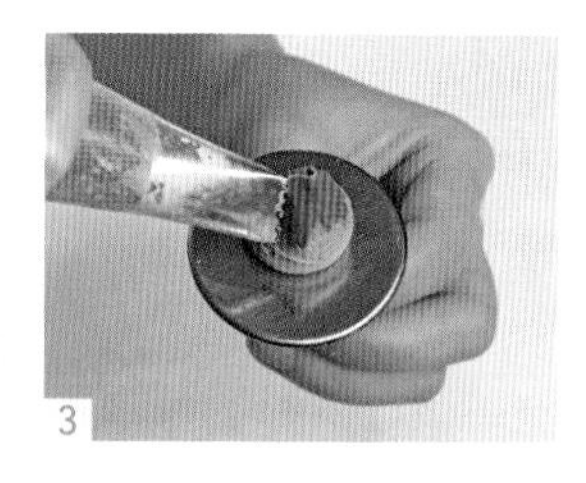
3

4 在2片花瓣之間的位置擠第三片花瓣，3片花瓣高度一致，做成花心。
5 第二層的花瓣，在第三片和第一片花瓣之間的位置擠第四片，花嘴角度不變，以此類推做3片。
6 第三層做5片，1層比1層高，外層的花瓣不可以完全遮擋住擠好的花瓣邊緣，做6～7層，做成花苞。

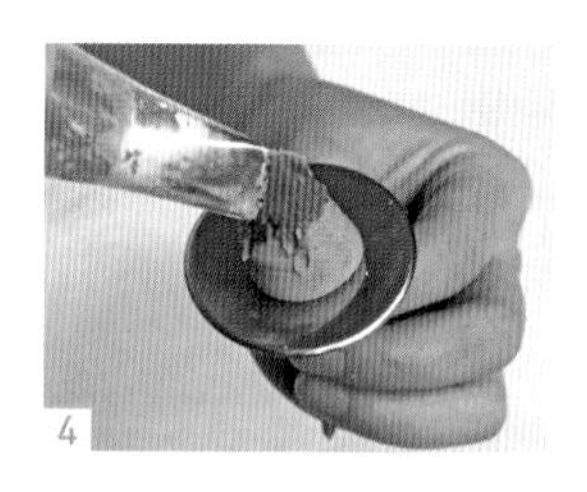
4

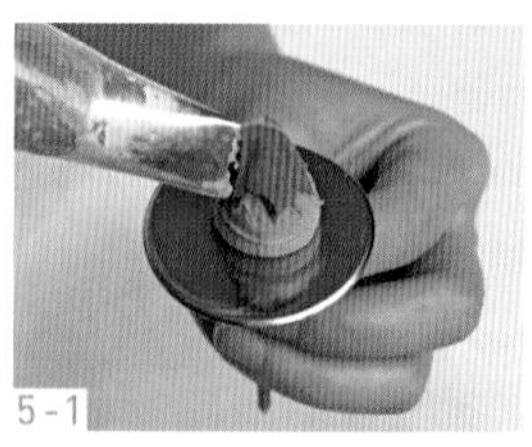
5-1

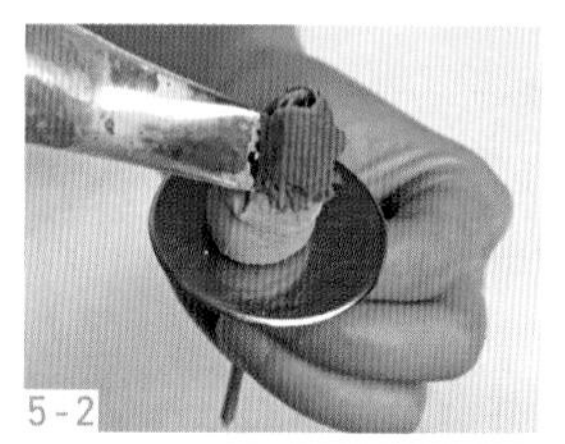
5-2

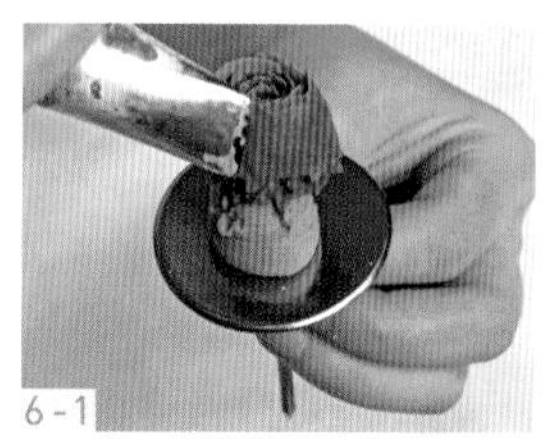
6-1

7 補齊花朵的底座與花苞連接的凹陷處，增加支撐力。

8 花嘴和裱花釘之間的角度保持在80˚左右，擠3組明顯高於花苞的花瓣，每組3～4片，錯開重疊，一片比一片高。

9 花嘴角度打開呈90˚，在每組再擠3片花瓣，形成半開放的花瓣。

10 再把花嘴打開呈120˚，在每組的位置擠4～5片花瓣，1片比1片開，外層的花瓣比裡層的稍大一些，花瓣與花瓣之間要留有縫隙。

11 花瓣的外層是很明顯的3組花瓣，花卉整體呈圓形，毛茛花就製作完成了。

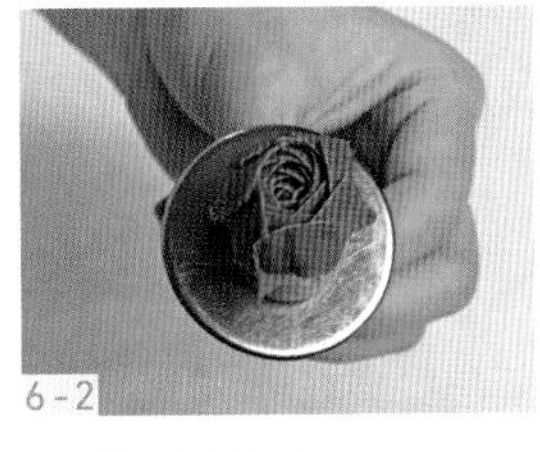
6-2

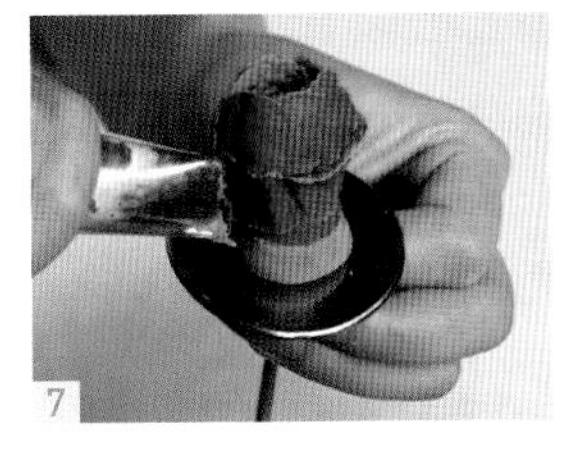
7

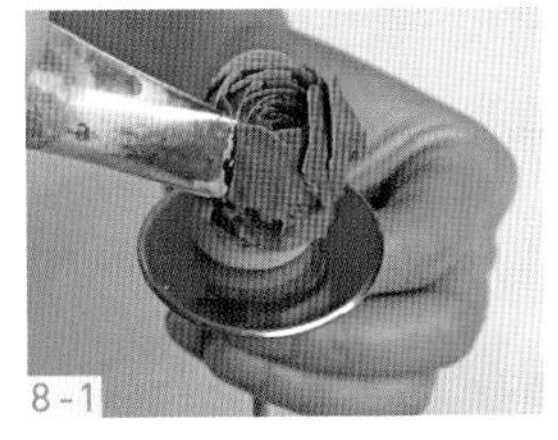
8-1

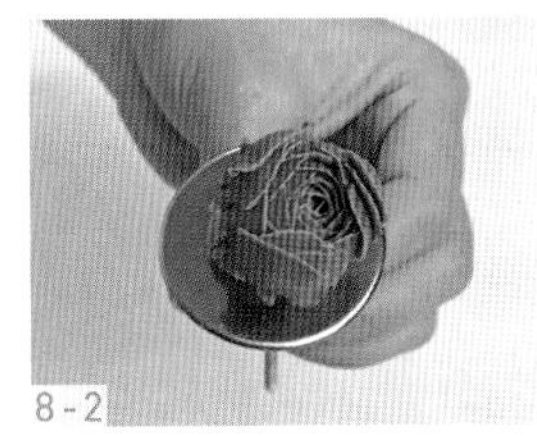
8-2

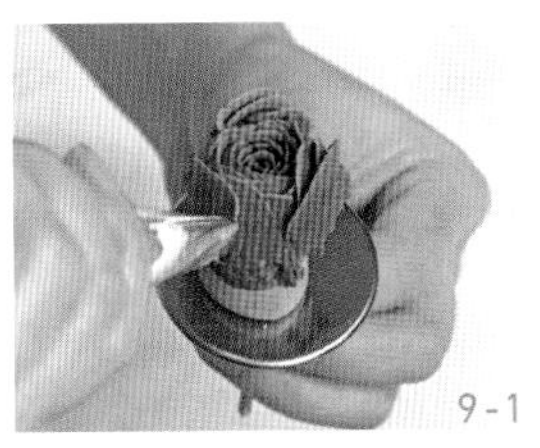
9-1

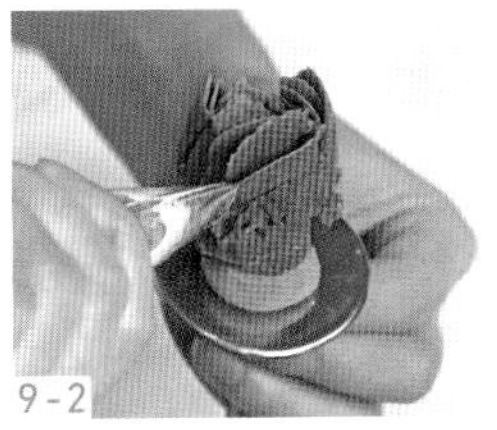
9-2

10-1

10-2

11

| 關鍵點 | 毛茛花花心的花瓣比較密集，週邊的花瓣慢慢打開，注意越靠外的花瓣，花嘴的角度越大。 |
|---|---|

## 牡丹花

123號花嘴，花瓣豆沙調色方法使用混色裝袋法，綠色和黃色奶油。

操作
步驟

1 擠1個直徑2.5公分，高3公分左右的圓柱形豆沙霜底座。
2 裱花袋裝入綠色奶油，剪1個0.3公分左右的小口，擠出花心。
3 用裱花袋裝入黃色奶油剪1個更小的口擠出小細絲作為花蕊，整體的花蕊直徑3公分左右。
4 花蕊的根部包一圈奶油，作為支撐。
5 花嘴長的一端朝下，短的朝上，花嘴口朝右邊，花嘴和底座的角度保持60°，花嘴短的一端往中心點傾斜。

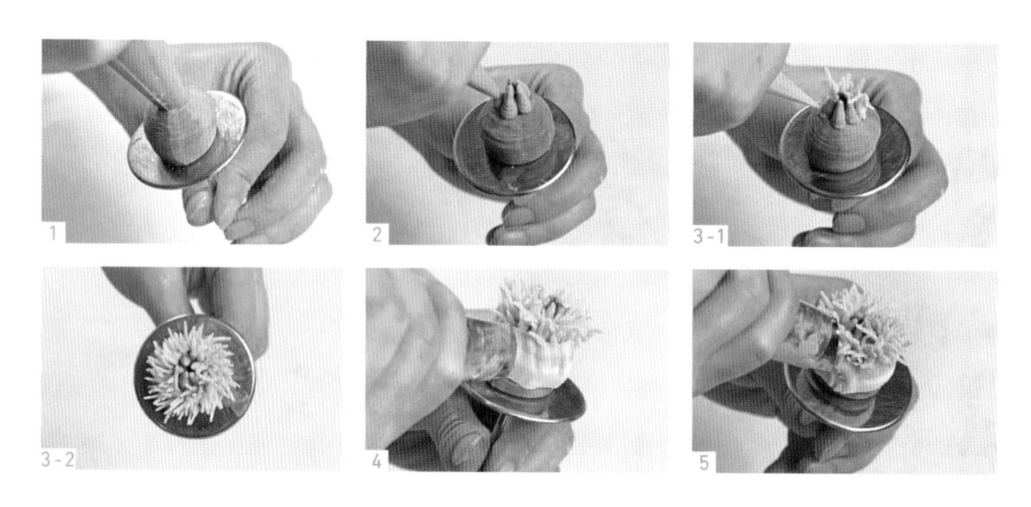


6 在花蕊1/3的位置擠第一層的花瓣。
7 花嘴擠出豆沙後往下壓，擠出一個有弧度的小花瓣，花瓣的寬度大概0.8公分左右。
8 擠5組花瓣，每組花瓣擠4～5片，花瓣有大有小，不需要很整齊。
9 再次補充底座豆沙。
10 擠開放的花瓣，花嘴和底座之間的角度在120°左右，花嘴長的一端一直貼緊底座。

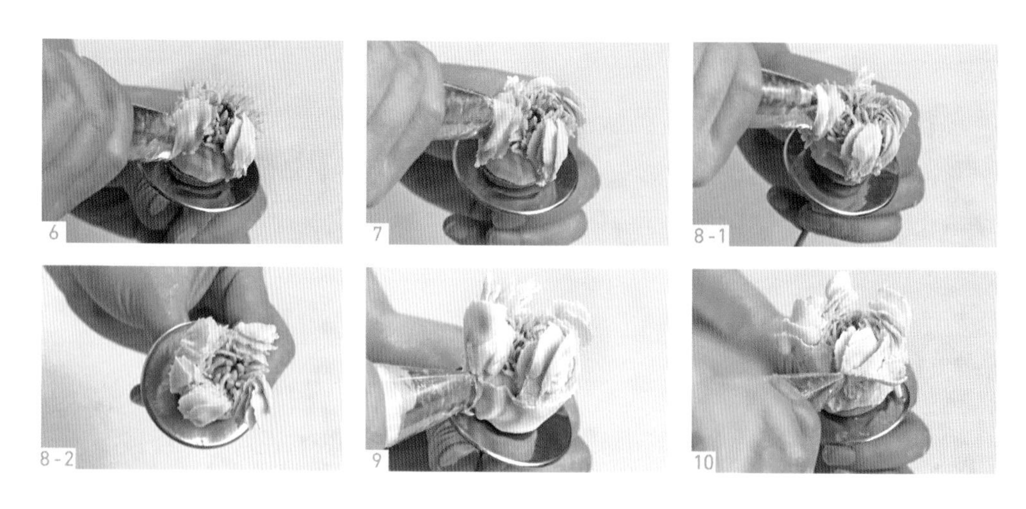

11 如果2組花瓣之間的縫隙太大，可以加小的花瓣進行補充。
12 擠最外層的花瓣，花嘴和底座的角度大概是180°。
13 外層也可以加些小花瓣，讓花卉看起來更自然。
14 牡丹花就做好了。

11

12-1

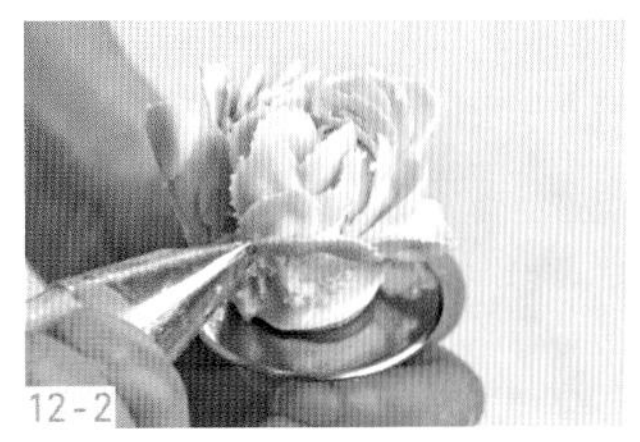
12-2

13

14

| 關鍵點 | 所有花瓣都需用花嘴長的一端緊緊貼著底座，避免花瓣掉落。 |
|---|---|

## 芍藥花苞

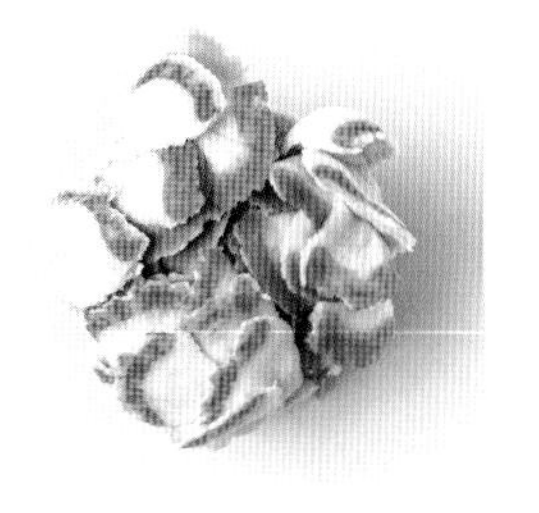

材料

123號花嘴，豆沙調色用豎向裝袋法，顏色深的豆沙放在花嘴短的一頭。

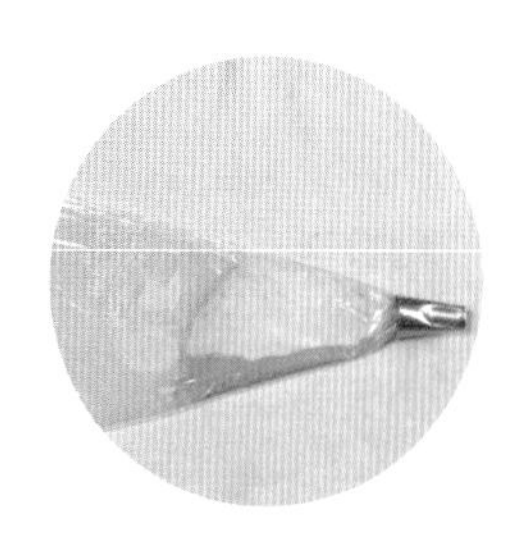

操作步驟

1 在裱花釘上擠1個高3.5公分，直徑2.5公分左右的圓形底座。
2 花嘴長的一端朝下，緊貼著底座。

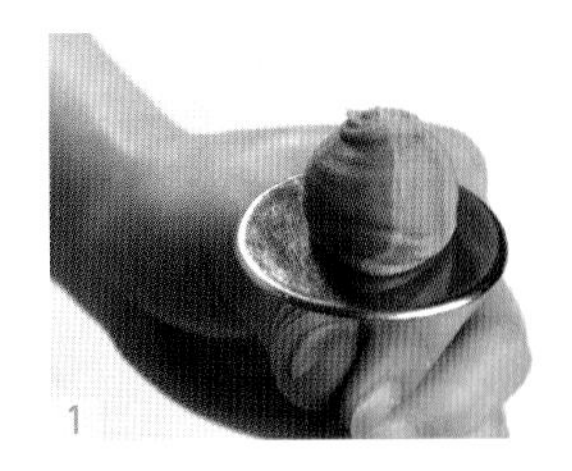
1

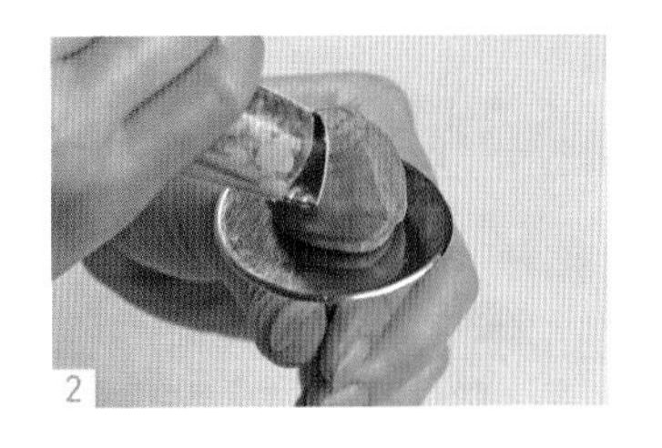
2

3 花嘴邊擠豆沙邊往左下角移動，同時裱花釘往右邊轉動，花瓣的大小控制在0.8公分左右，花瓣邊緣呈圓弧形。

4 擠4組花瓣，每組2片花瓣。

5 在每組花瓣間靠下的位置，再擠4組花瓣，每組2～3片。

6 在第一層花瓣靠下的位置，再添加花瓣，花瓣有大有小。

7 不需要開放的花瓣，全部花瓣都是圓弧形。

8 花瓣的邊緣不要被遮擋，整個花形呈圓球形，芍藥花苞就製作完成了。

3

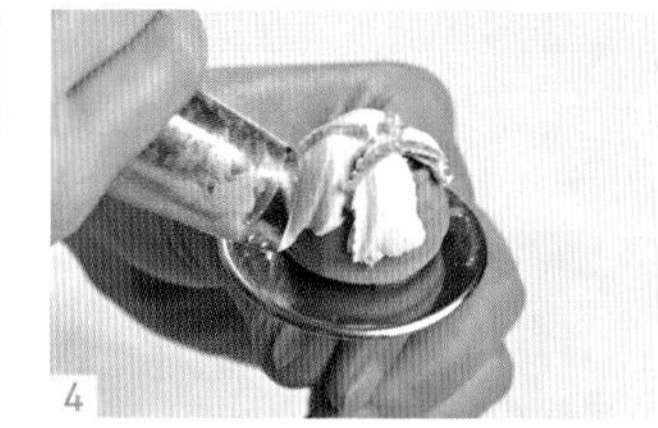
4

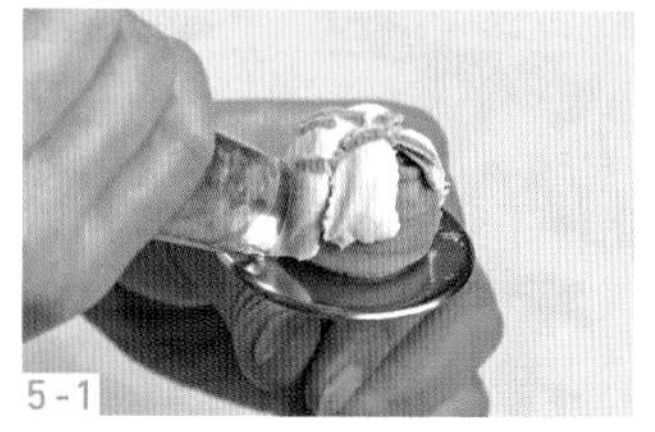
5-1

5-2

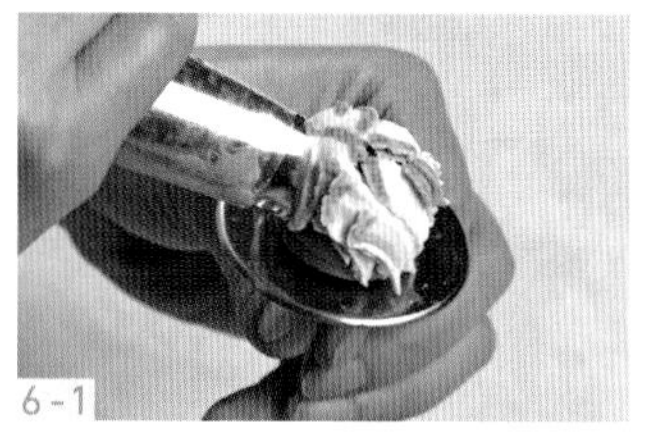
6-1

6-2

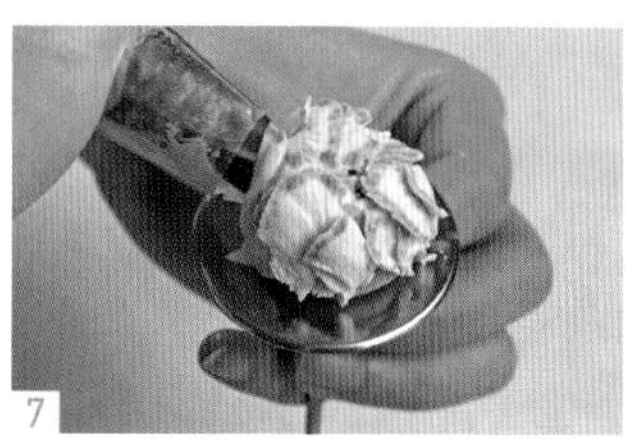
7

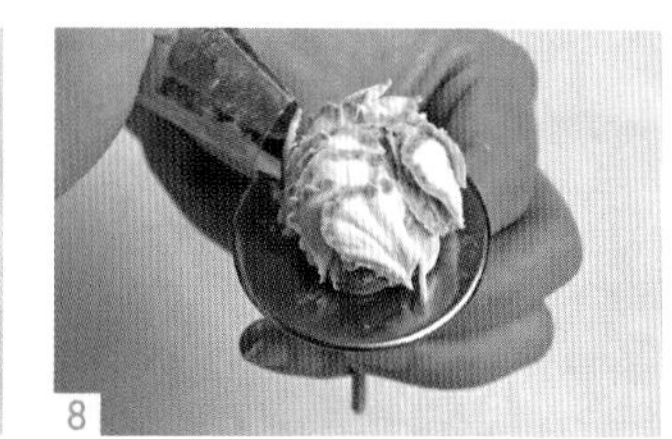
8

| 關鍵點 | 擠芍藥花苞時，花嘴角度不需要太大，芍藥的花型，整體呈球形。 |
|---|---|

## 聖誕玫瑰

124號花嘴，花瓣豆沙調色方法用豎向裝袋法，顏色淺的放在花嘴短的一端。灰藍色色素，灰藍和白色豆沙。

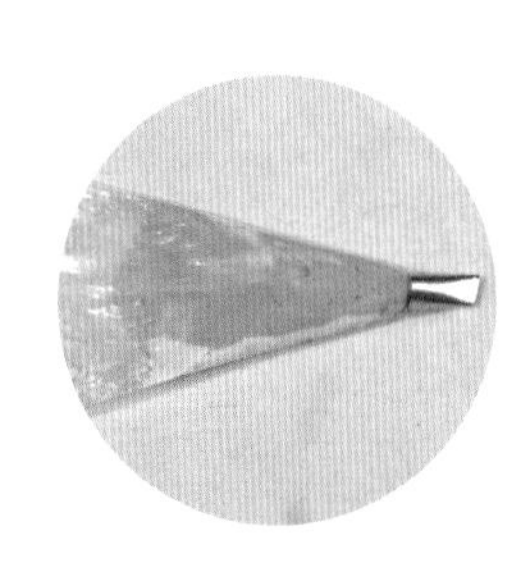

## 操作步驟

1. 擠1個直徑3公分左右的扁平底座。
2. 花嘴長的一端放在底座中心點，花嘴口朝下，花嘴和裱花釘的角度呈120°，花嘴向右傾斜。
3. 花嘴擠出豆沙往外推，擠豆沙的力氣收小，同時轉動裱花釘，擠到想要的長度後，花嘴垂直於裱花釘，稍用力往下壓，這個時候不要用力擠豆沙。
4. 花嘴保持在原來的位置，角度往左邊傾斜，輕輕擠出豆沙，做出褶皺紋，同時轉動裱花釘，花嘴往右傾斜，邊擠邊往中心點收力，1片花瓣就完成了。
5. 以同樣的方法做出7片花瓣，全部花心都在同一個中心點。
6. 以同樣的方法擠3～4層的花瓣，花瓣可以稍微錯開，不需要完全重疊，這裡要注意，花心是向下凹陷的狀態。
7. 用毛筆沾灰藍色的色素，在花心的中心點上色。
8. 用灰藍和白色的豆沙在花心擠大小不同的圓點作花蕊裝飾。
9. 聖誕玫瑰就做好了。

| 關鍵點 | 聖誕玫瑰的3層需要層次分明，不可以有黏連，花心是向下凹陷的狀態。 |
|---|---|

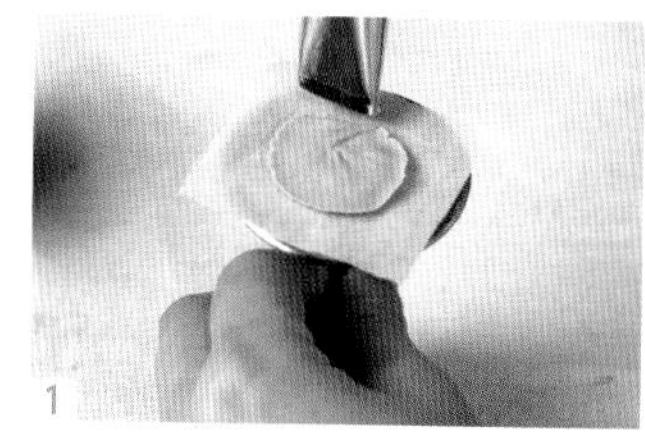
1

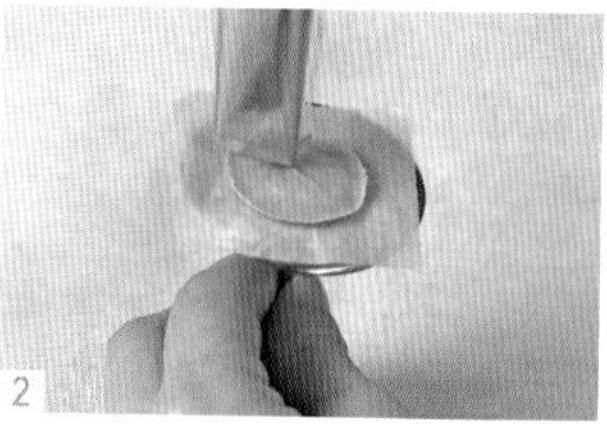

2

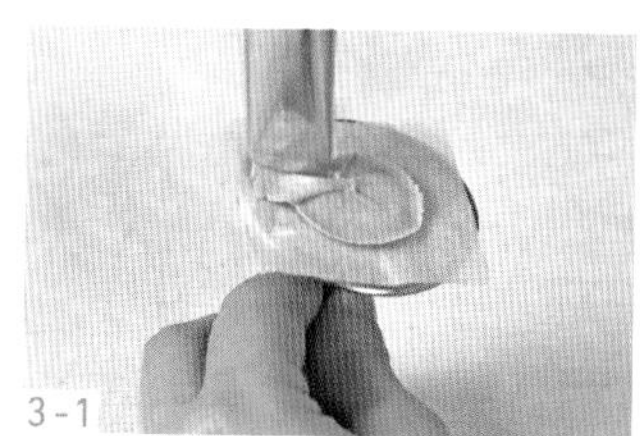
3-1

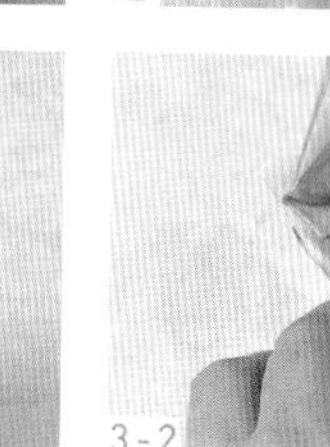
3-2

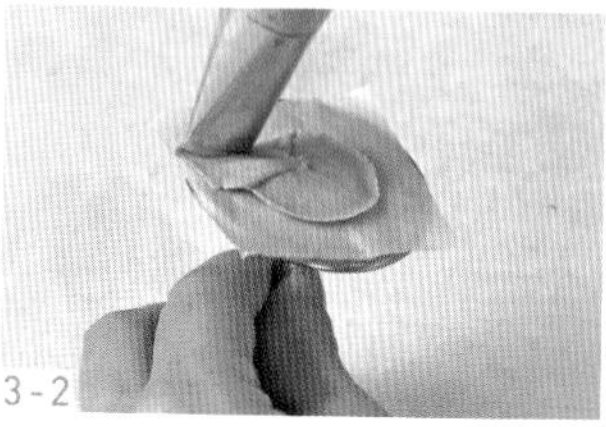

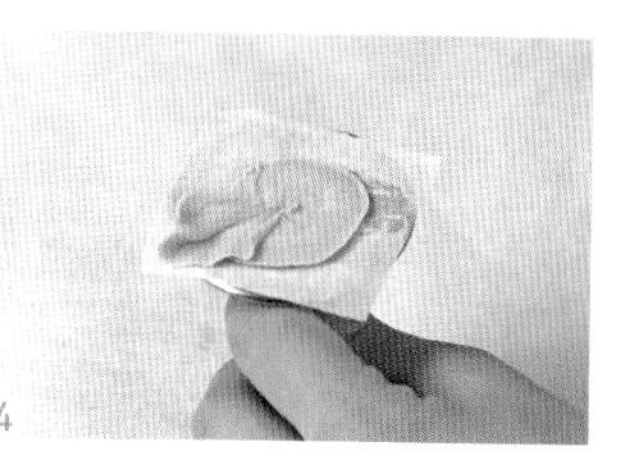
4

5

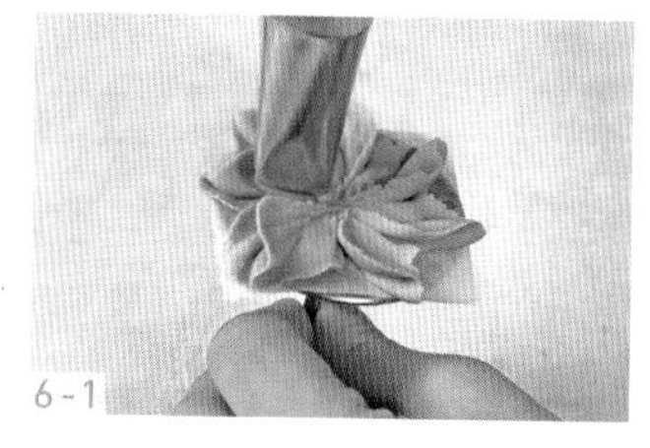
6-1

6-2

7-1

7-2

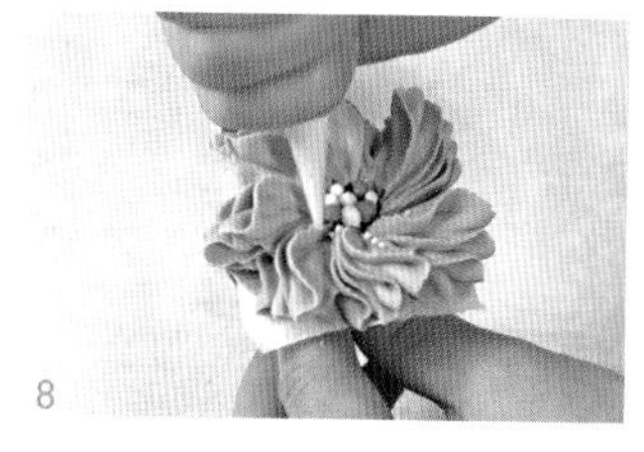
8

9

## 輪峰菊

104號、1號、59S號花嘴，花瓣豆沙用混合裝袋法調色，綠色和白色豆沙。

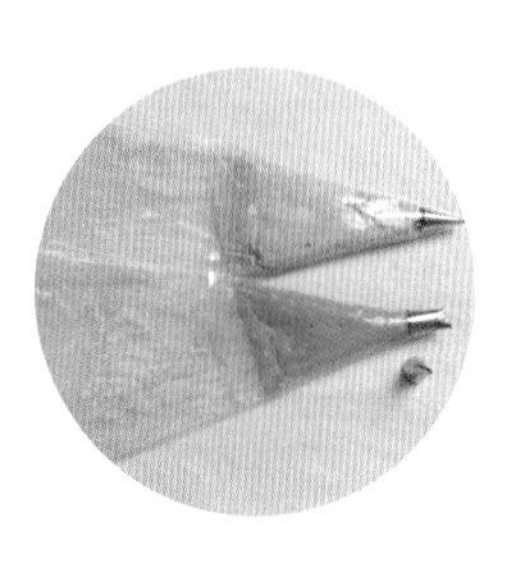

### 操作步驟

1. 裱花釘上墊油紙，用裱花袋裝綠色的豆沙，剪1個1公分左右的口子，擠1個直徑2.5公分，高0.5公分左右的圓形底座。
2. 花嘴長的一端放在中心點，花嘴短的一端和裱花釘之間保持30°，花嘴口朝下，垂直於裱花釘。
3. 花嘴擠出豆沙往週邊推，再與開頭的地方重疊，花瓣會形成褶紋，1片花瓣大概要2～3個褶紋。
4. 同樣的手法做5組花瓣，每一組3～4片，花瓣要有大有小，有長有短，花瓣與花瓣之間不可以完全重疊，做完的效果是外圈比較高，中心點比較低，形成凹陷。
5. 在凹陷位置用綠色的豆沙擠1個球形底座。

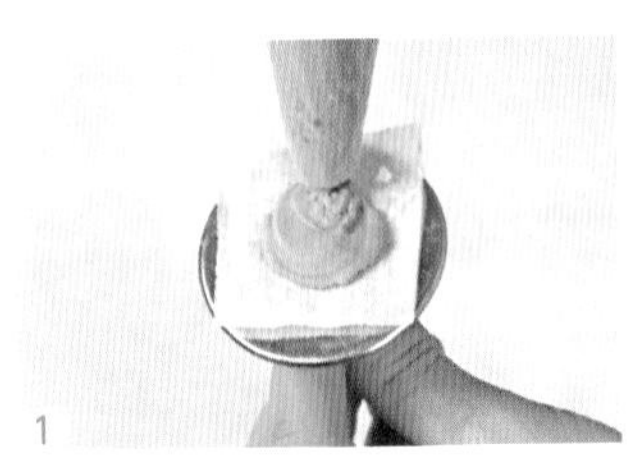


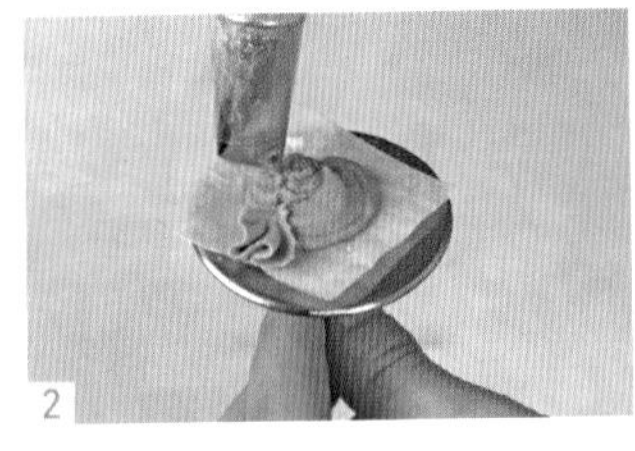


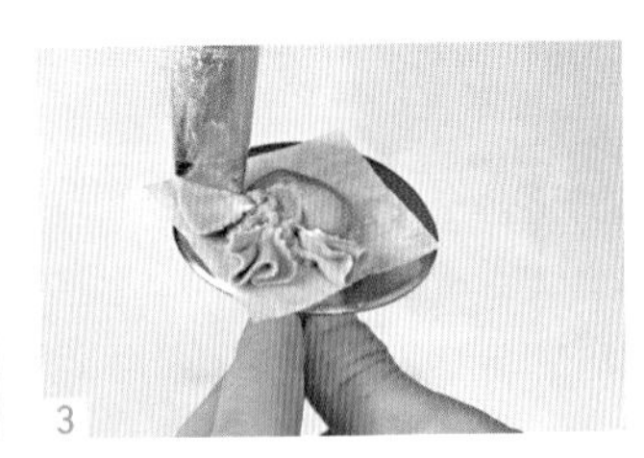


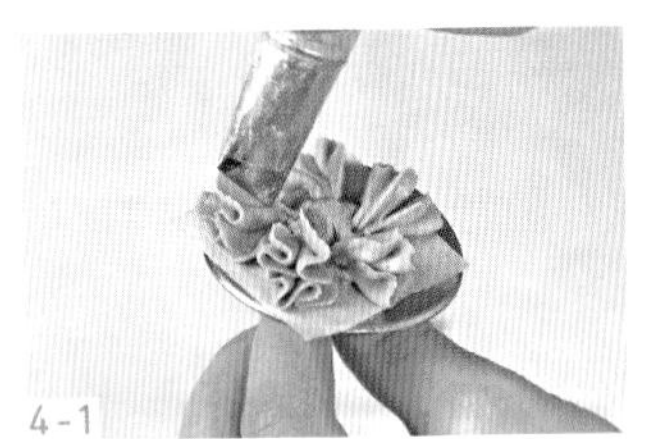

6 用1號花嘴在球形底座上擠滿綠色小圓點。
7 以同樣的方法用白色的豆沙擠小圓點裝飾。
8 用59S號花嘴擠出細碎零散的花瓣，增加花卉的立體感。
9 輪峰菊就製作完成了。

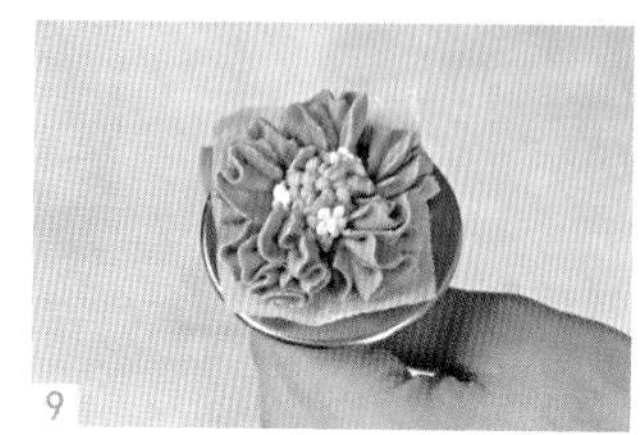

關鍵點 ┆ 輪峰菊的花瓣不需要擠得太規整，花卉會更自然。

## 蠟梅

103號花嘴，花瓣豆沙用豎向裝帶法調色，顏色淺的放在花嘴長的一端。綠色和黃色豆沙。

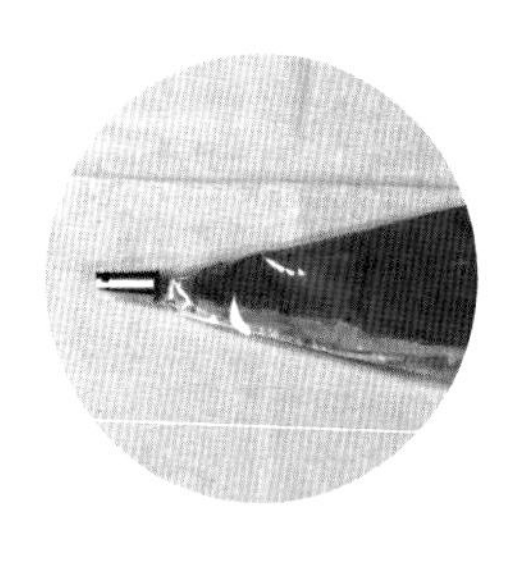

1 裱花釘上墊油紙，用裱花袋裝入綠色的豆沙擠3～4層的空心圓圈（直徑1.5公分）作底座。
2 花嘴長的一端在中心點，花嘴放在12點方向，花嘴的角度為35°。
3 右手輕輕擠豆沙，同時往右轉裱花釘，花瓣邊緣向上捲起。

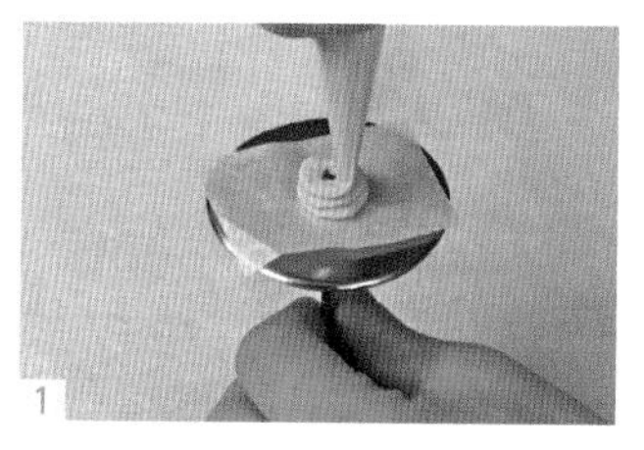
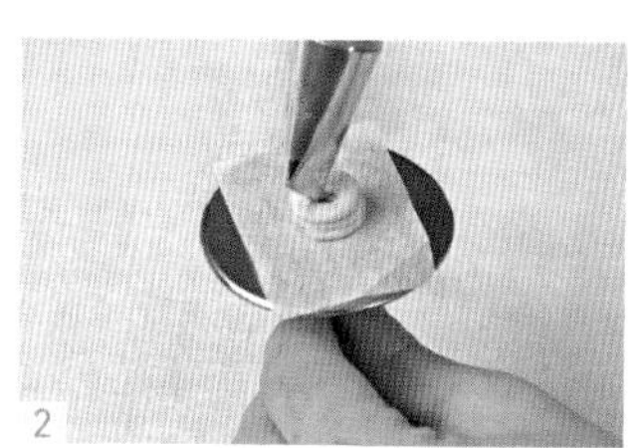
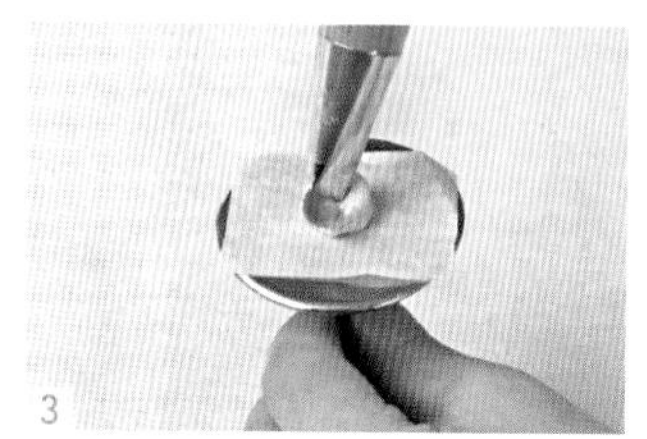

4 在第一片的花瓣下方重疊1/4的位置擠第二片花瓣，用同樣的方法擠出5片花瓣。

5 用裱花袋裝入黃色的豆沙，剪小口，擠出花心。

6 蠟梅就做好了。

| 關鍵點 | 蠟梅一般用於蛋糕的點綴，所以花瓣不建議做得太大。 |
| --- | --- |

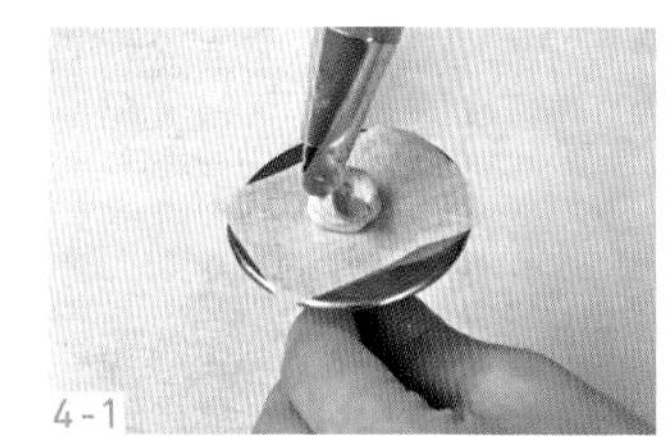
4-1

4-2

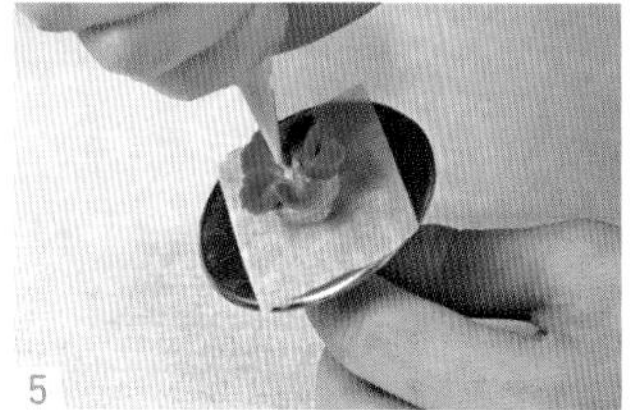
5

6

## 小雛菊

### 材料

101號花嘴，白色、黃色、綠色豆沙。

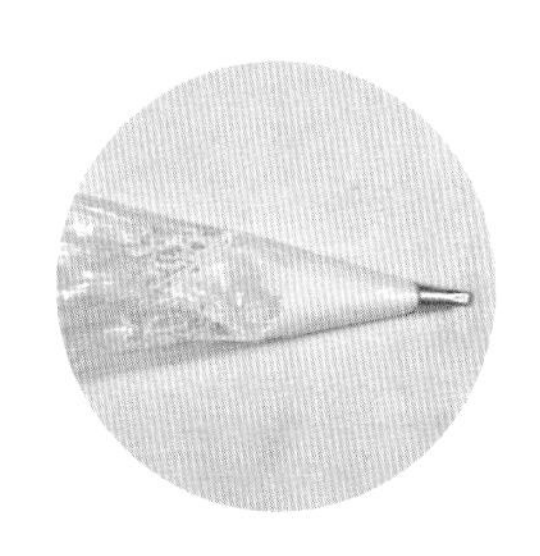

### 操作步驟

1 裱花釘上墊油紙，花嘴長的一端在中心點，花嘴短的一端和裱花釘的角度為35°，輕輕擠出豆沙往中心點拉扯，同時力氣收小，不要轉裱花釘。

2 緊挨著第一片花瓣擠第二片花瓣，一共做12片花瓣。

3 同樣的方法做第二層，重疊在第一層上面，花瓣與花瓣之間要留有縫隙。

4 裱花袋裝入黃色的豆沙在花心擠1個圓形的底座，上面擠黃色的小圓點。

1

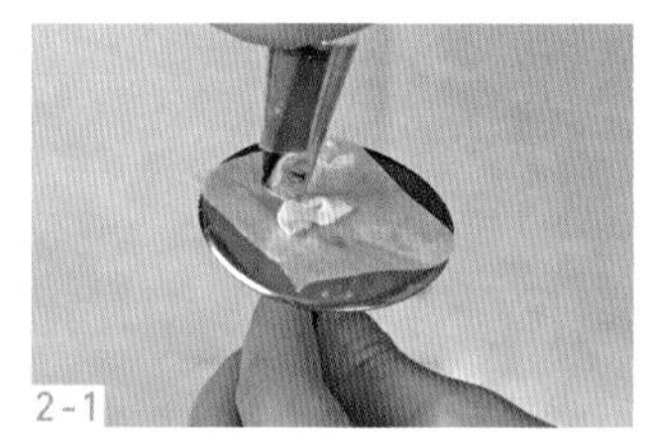
2-1

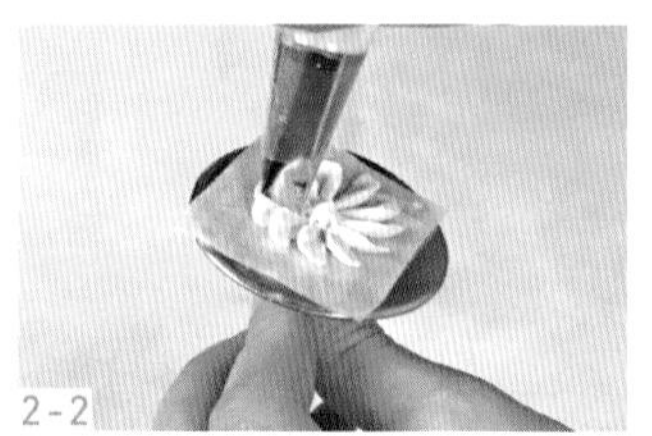
2-2

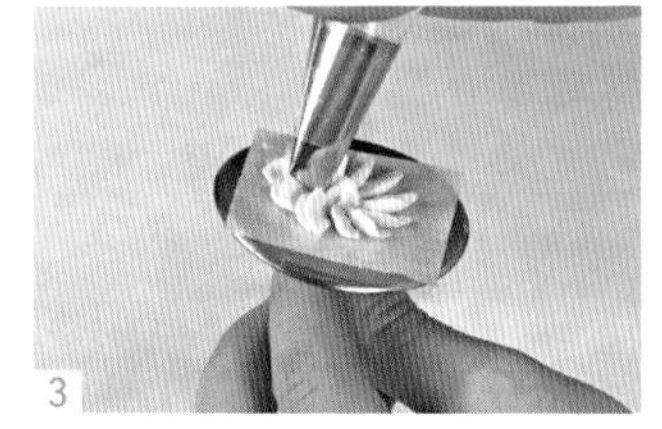
3

4

5 在黃色花蕊的週邊再擠一圈綠色的圓點作花心。
6 小雛菊就擠好了。

| 關鍵點 | 小雛菊一般作為點綴花使用，不要做得太大。 |
| --- | --- |

5

6

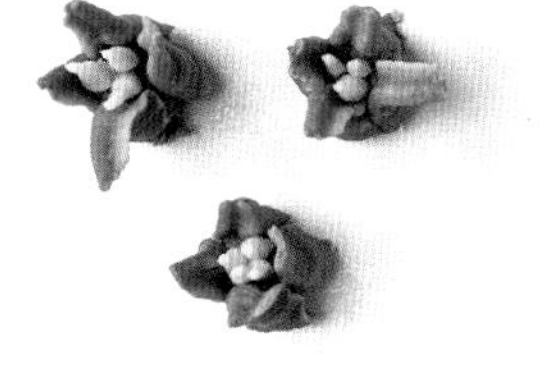

## 風信子

### 材料

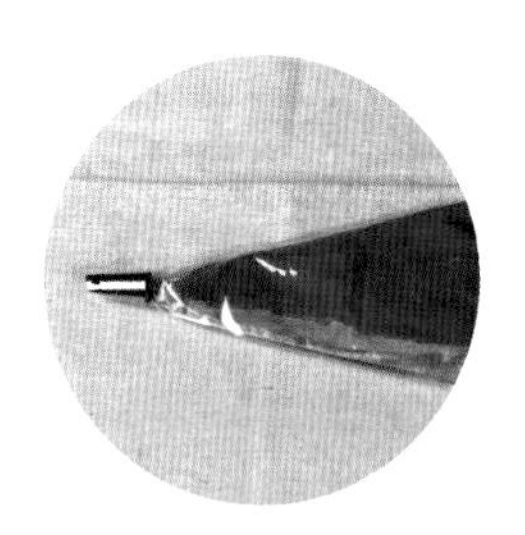

59S號花嘴，花瓣豆沙用豎向裝袋法調色。黃橙色豆沙。

### 操作步驟

1 用59S號花嘴裝豆沙，在裱花釘的正中間擠1個小球形底座，直徑0.8公分左右。
2 花嘴口朝下，花嘴口緊貼著裱花釘和底座。
3 一邊擠豆沙，裱花嘴一邊向上提起，同時用力越來越小，擠出尖角。
4 以同樣的方法做4片花瓣。
5 裱花袋裝入黃橙色的豆沙，剪1個小口用裱花瓣的方法做出長條形的花心。
6 1朵風信子就做好了。

| 關鍵點 | 1. 擠風信子的豆沙不能太硬，否則擠不出小尖角的花瓣。<br>2. 風信子一般用於蛋糕的點綴。 |
| --- | --- |

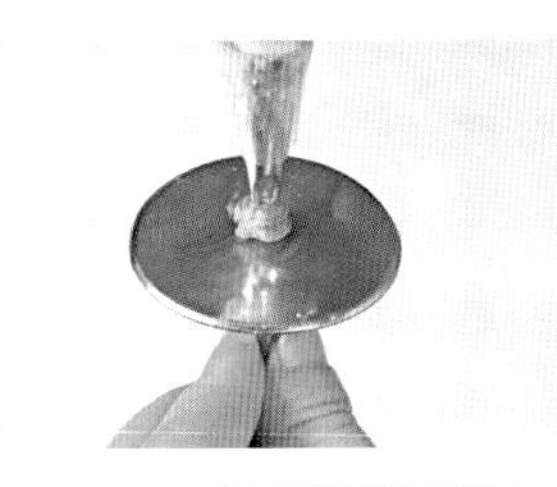
1

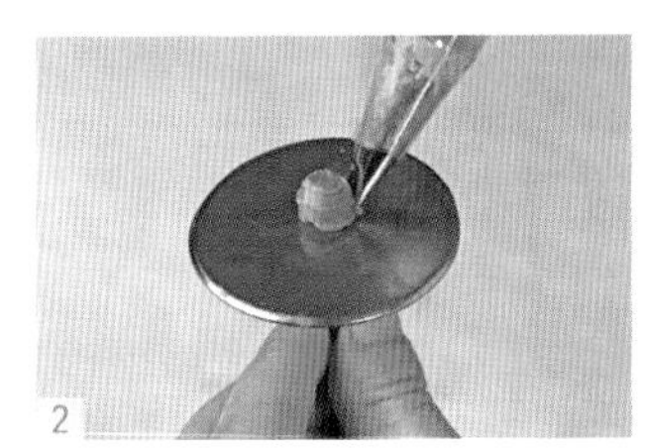
2

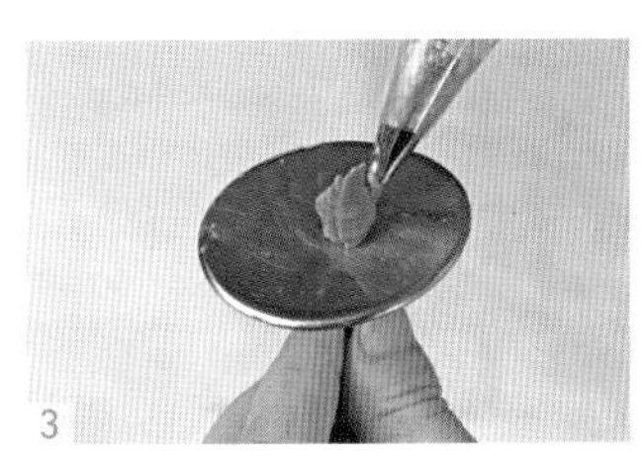
3

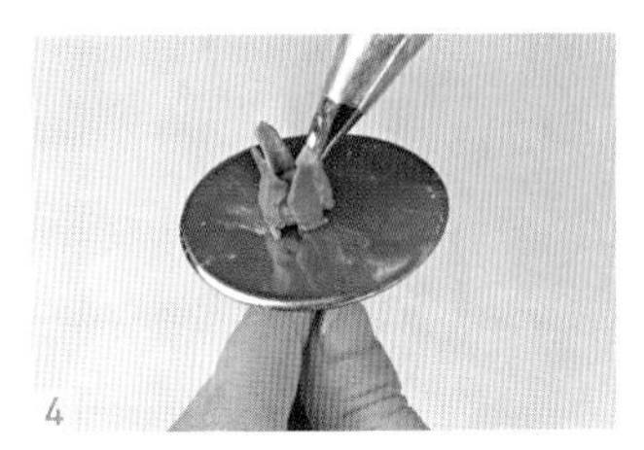
4

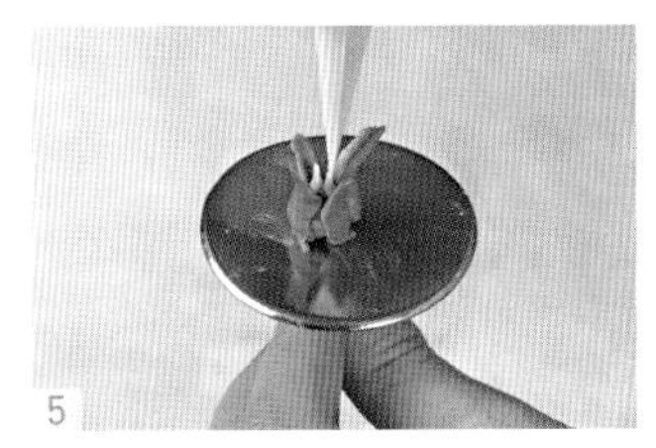
5

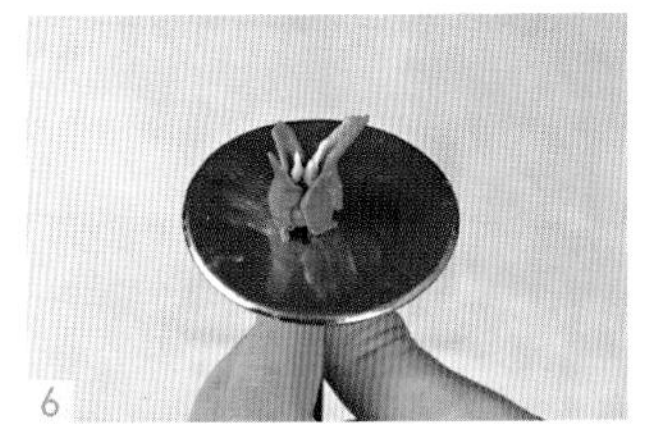
6

## 葉子

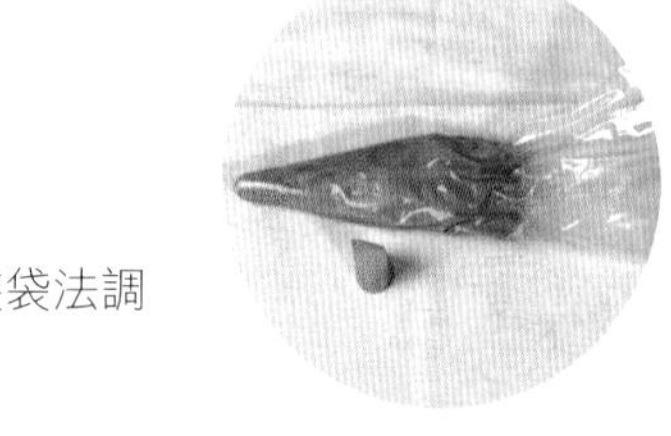

104號花嘴，豆沙用混合裝袋法調色。

操作步驟

1 裱花釘上墊油紙，花嘴短的一端朝左邊，長的一端朝中心點，花嘴傾斜，邊擠豆沙邊上下抖動，同時轉動裱花釘。
2 擠到想要的長度，花嘴口朝下，花嘴垂直，輕輕往下壓，同時收掉力氣不要擠豆沙。
3 花嘴往左邊傾斜，花嘴輕輕擠出豆沙，花嘴往中心點收，形成尖角後，花嘴迅速往右邊傾斜擠豆沙，同時轉動裱花釘，花嘴走到中心點後不再用力。
4 1個尖角葉子就做好了。
5 花嘴短的一端朝左邊，擠出豆沙往週邊推，在與開頭的地方重疊，形成褶紋同時轉動裱花釘。
6 擠到需要的長度後，往前擠1個長的褶紋，花嘴短的一端朝右邊用同樣的方法擠出褶紋，擠豆沙的同時轉動裱花釘。
7 1個折疊形的葉子就做好了。

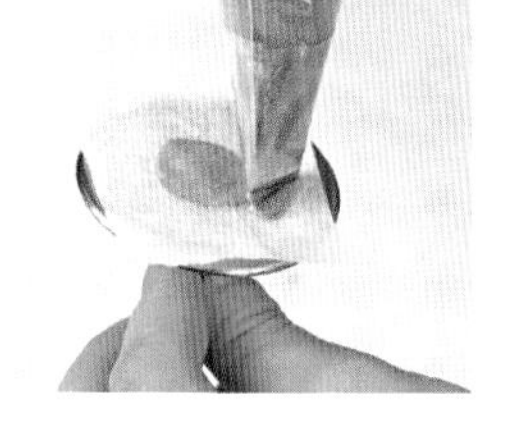
1

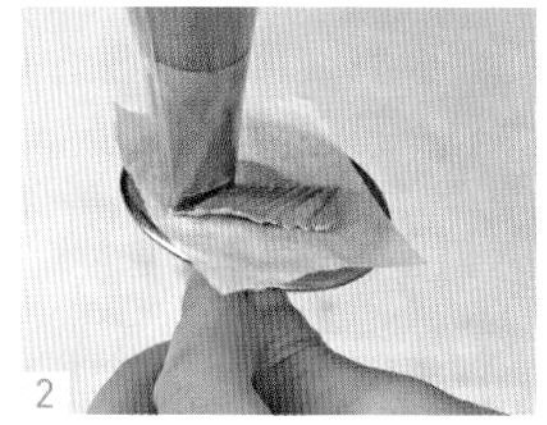
2

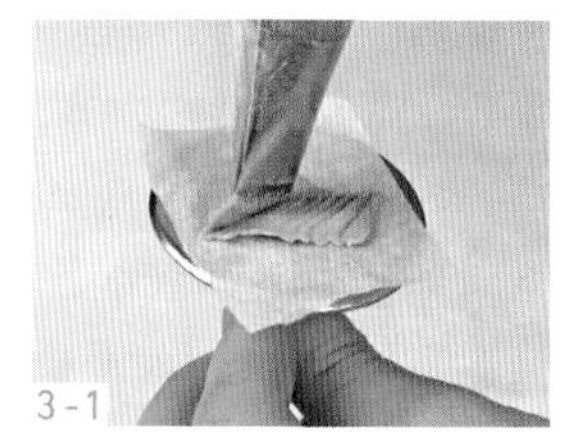
3-1

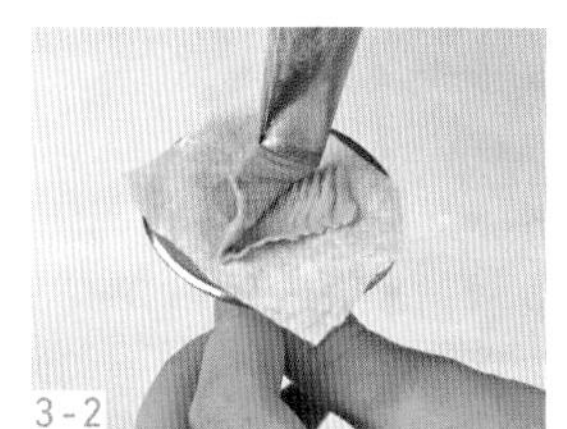
3-2

4

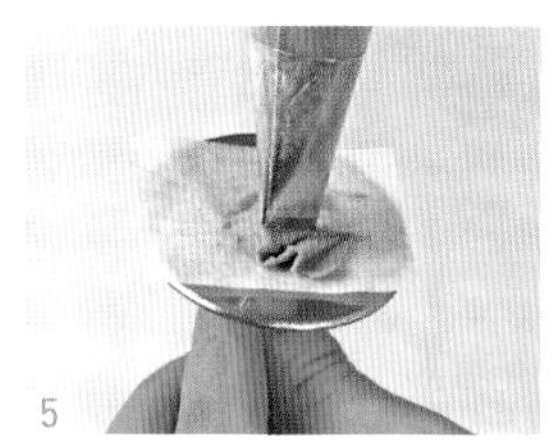
5

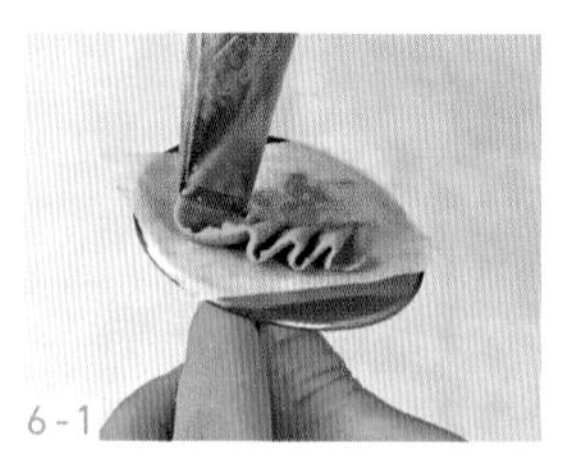
6-1

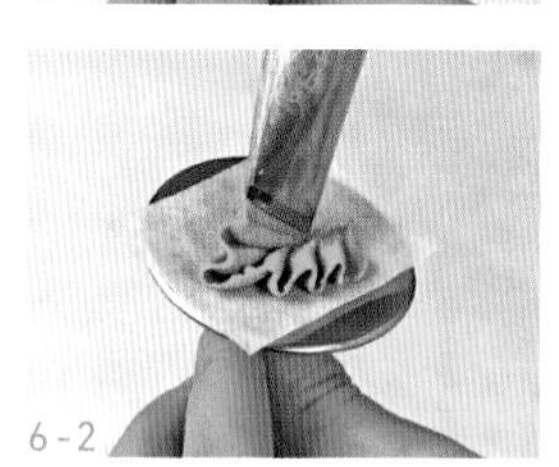
6-2

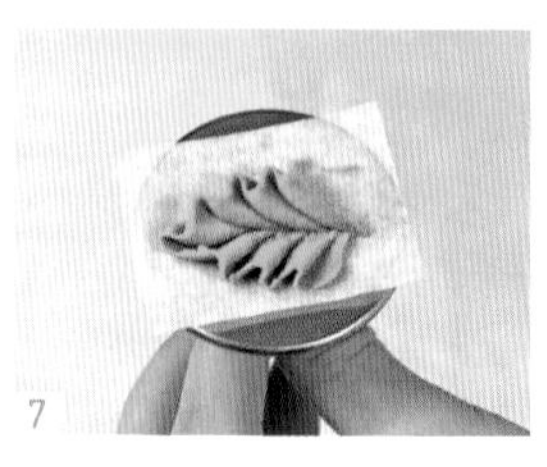
7

| 關鍵點 | 擠好的葉子可以放入烤箱，以80°C進行烘烤，烤乾的葉子可以密封保存1個月。 |
| --- | --- |

## 雪柳條

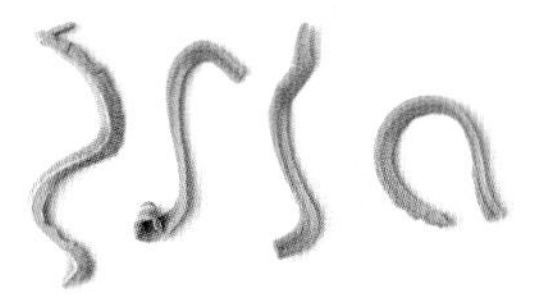

### 材料

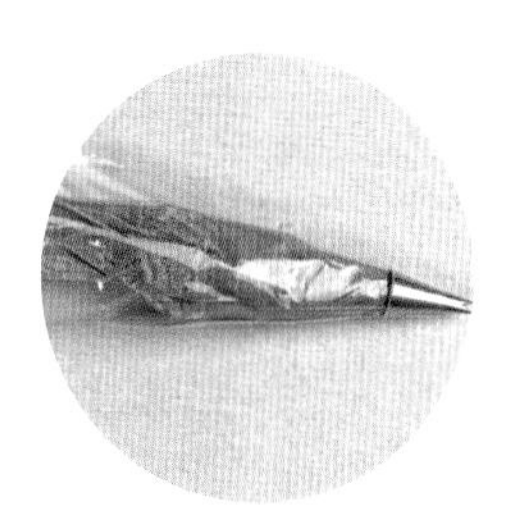

369號花嘴，豆沙用混合裝袋法調色。

### 操作步驟

1 在烤盤裡墊上油紙或者高溫布，花嘴缺口朝上，緊貼在烤盤上，邊擠豆沙邊畫S形，速度不要太快，容易斷裂。

2 擠好的雪柳條放入烤箱，以上、下火80℃烘烤，烤乾即可。

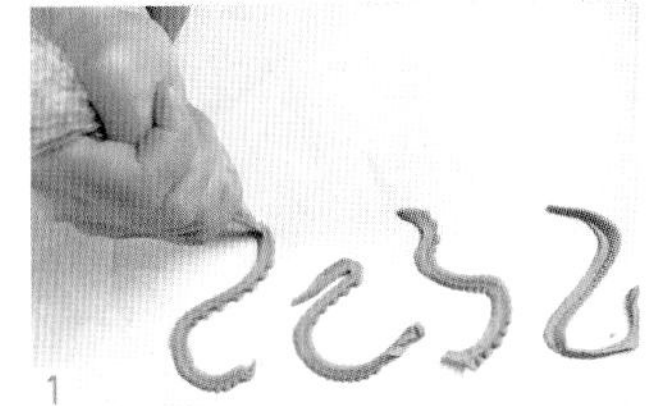

1

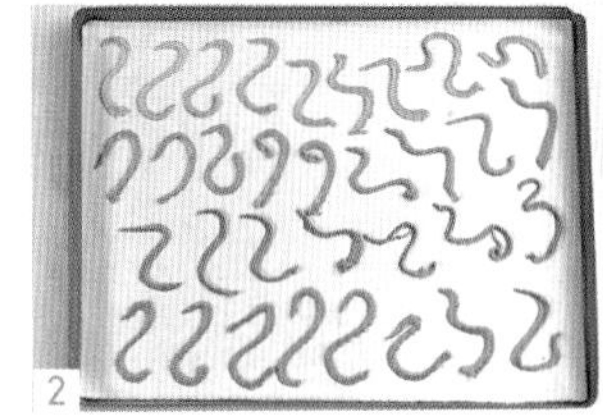

2

| 關鍵點 | 雪柳條一般作為點綴使用，烤好的雪柳條可以密封保存1個月。 |
|---|---|

## 裝飾枝條

### 材料

粉絲。

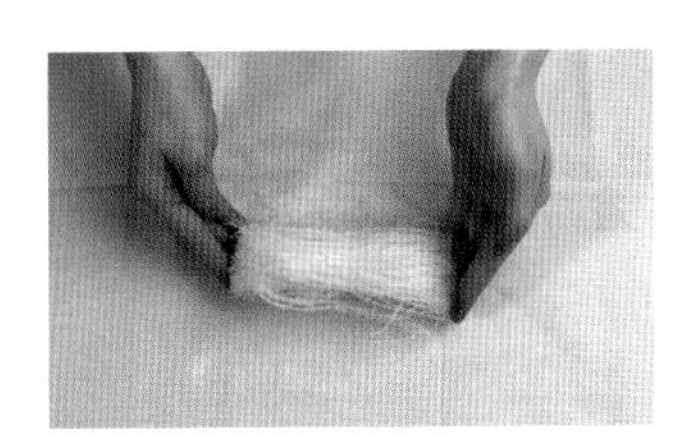

### 操作步驟

1 在冷水裡滴入綠色和少許棕色色素。

1

2 把乾粉絲放入冷水中，完全浸泡。

3 泡上色後，撈起並瀝乾水分，均勻鋪在烤盤上，放入烤箱，以上、下火80℃烘烤，烘乾即可。

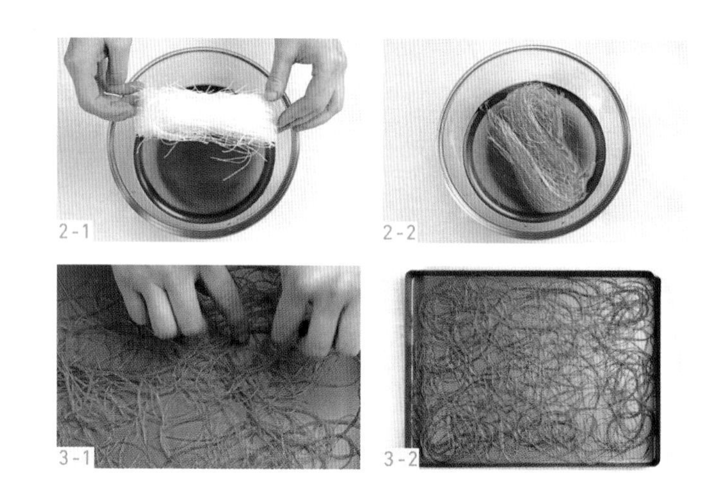


| 關鍵點 | 小枝條一般作為最後的點綴或糖紙花的枝幹使用，也可以用義大利面製作枝條，操作方法是一樣的。 |
| --- | --- |

## 五、韓式裱花布局方法

### 1. 對稱式

對稱式的擺放方式是把花卉分成2部分擺放，一般分為左右2個部分，在擺放時花卉時，一般2個部分的比例以5：2或5：3較佳，整體呈現出高低錯落有致的效果。

對稱式布局

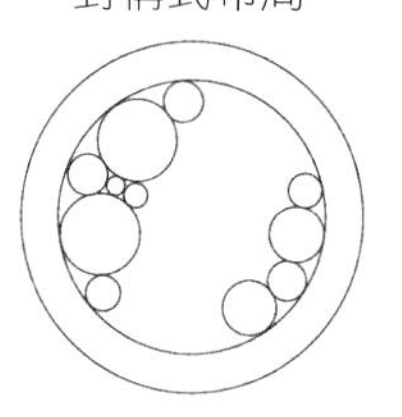

### 2. 環形式

環形式的擺放方式是花卉擺放在蛋糕的周邊部分，在擺放花卉時，主花擺在較高的位置，顏色搶眼的花卉擺放在較低的位置，整體呈現出高低有起伏，層次分明的效果。

環形式布局

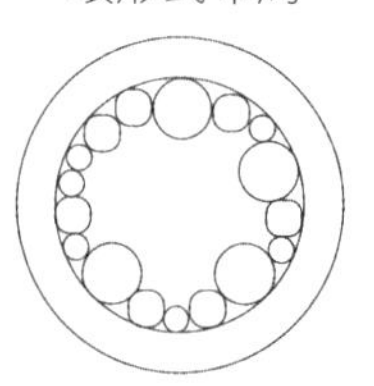

### 3. 集中式

集中式的擺放方式是把所有花卉都集中在蛋糕的表面。擺放花卉時，主花擺在蛋糕靠前的位置，沒有主花的情況下，通常會搭配不同顏色的花卉，避免蛋糕過於單調。蛋糕擺放中心點較高，週邊較低，呈現出緊湊飽滿的視覺效果。

集中式布局

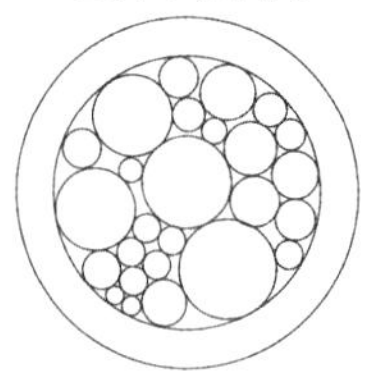

## 六、韓式裱花裝飾材料選擇

豆沙霜製作的花卉成品的重量較大，需要根據表面裝飾用花卉的數量和大小來選用合適的蛋糕體，一般會選用戚風蛋糕和海綿蛋糕2種，裝飾用花卉數量不多或者以小花為主的情況下，可以選用戚風蛋糕體。裝飾用花卉數量較多或者大花較多的情況下，有一定的重量，則選用承重能力更好的海綿蛋糕，避免蛋糕變形。蛋糕抹面選用奶油霜或者豆沙奶油（豆沙和奶油以1：1的比例打發），可以增加蛋糕的承重力。

# 韓式裱花杯子蛋糕

## 材料

烤好的杯子蛋糕6個，製作方法參考原味海綿蛋糕，溫度上火165℃、下火155℃，烘烤32分鐘。
花卉、葉子、雪柳條（豆沙霜），豆沙奶油。

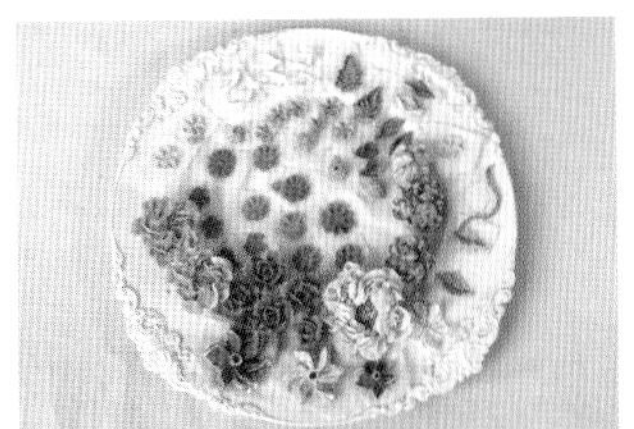

1. 用調色好的奶油，把蛋糕的表面全部覆蓋住，注意不要超出杯子蛋糕的邊緣。
2. 放杯子蛋糕的主花。
3. 放小花和葉子、雪柳條等小飾件，擠上小裝飾。
4. 韓式裱花杯子蛋糕就製作完成了。

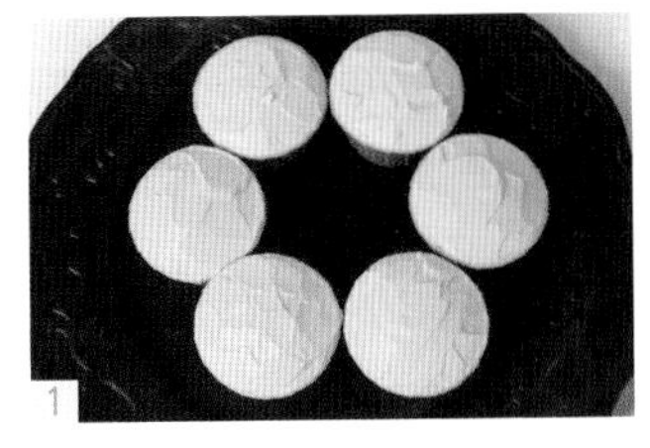
1

2-1

2-2

3-1

3-2

3-3

4

| 關鍵點 | 裱花的時候儘量不要擠太大，杯子蛋糕承重有限。 |
| --- | --- |

Happy

# 韓式裱花禮盒蛋糕

材料

6寸抹面蛋糕（高度9公分）。花卉、葉子（豆沙霜），小枝條，糖紙花，絲帶、字牌（翻糖皮），豆沙奶油。

操作步驟

1 把用翻糖皮做好的絲帶貼在蛋糕的底部裝飾，字牌貼在蛋糕的側面。
2 在蛋糕表面的左邊擠上豆沙奶油作為底座，把擠好的豆沙花卉依次擺放。
3 擺蛋糕中間的花朵，越靠近蛋糕的中心，底座越高，形成飽滿的視覺效果，靠邊的位置底座比較低。
4 位置太低的地方，擠豆沙奶油作支撐。
5 放上小花點綴。
6 在花朵的縫隙位置放小花，遮擋大的縫隙，整體看起來更美觀。
7 放上葉子、糖紙花、小枝條裝飾，增加整體的靈動感。
8 韓式裱花禮盒蛋糕就製作完成了。

| 關鍵點 | 1. 豆沙奶油是用奶油和豆沙以1：1的比例打發使用的，豆沙奶油還可以用於蛋糕抹面，支撐力和穩定性比普通奶油更好。<br>2. 做韓式裱花的蛋糕體多選用承重力更好的海綿蛋糕。<br>3. 擺放花朵時，注意花心要有不同的朝向，蛋糕整體看起來更有生機。 |
|---|---|

1

2

3-1

3-2

4

5

6

7-1

7-2

8

# 韓式裱花方形高胚蛋糕

## 材料

方形抹面蛋糕（高度13公分左右）。

花卉、葉子、雪柳條（豆沙霜），奶油，豆沙奶油。

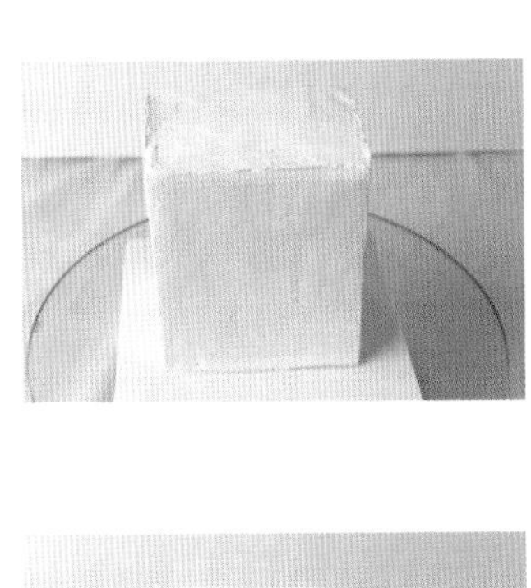

1. 用油畫刀刮少許奶油，在蛋糕表面壓出花瓣紋路。
2. 在蛋糕左側用豆沙奶油打 1 個底座，先擺放最靠邊的花，注意花卉擺放需要中間高、四周低，形成花束的形狀。
3. 放左下角的花卉，左下角的花卉擺放位置較低，不要遮擋住後面的花卉。
4. 蛋糕的右側擺放中型花作裝飾，注意高低錯落有致，整體比左側的花束要稍低一些，形成左右兩邊的層次感。
5. 在蛋糕底部也放上花卉裝飾。
6. 放上葉子，起點綴效果，雪柳條作裝飾，增加整體的立體感。
7. 這款方形高胚蛋糕就製作完成了。

1

2-1

2-2

2-3

3

4-1

4-2

5

6

7

# 韓式裱花環形蛋糕

## 材料

6寸抹面蛋糕。

花卉、葉子、雪柳條（豆沙霜），模擬水果，枝條，豆沙奶油。

## 操作步驟

1 用紫色加棕色調出豆沙粉色的豆沙奶油，用抹刀抹在蛋糕表面作底色。
2 先放第一層的花卉定好位置。
3 用奶油擠上底座，放第二層的花卉，注意要有高低起伏。
4 在大花之間比較大的縫隙放上中型花，注意不要搶大花的位置。
5 放上小花、模擬水果，作為點綴。
6 最後放上葉子、雪柳條、粉絲做的枝條，使蛋糕更有生機。
7 這款裱花蛋糕就組裝完成了。

1

2-1

2-2

3-1

3-2

4

5-1

5-2

6

7

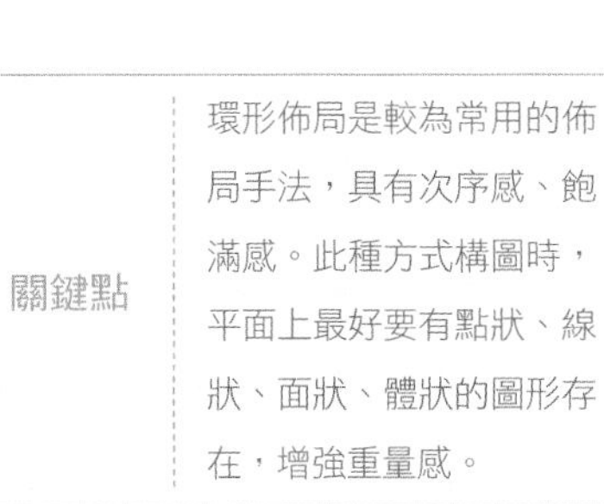

| 關鍵點 | 環形佈局是較為常用的佈局手法，具有次序感、飽滿感。此種方式構圖時，平面上最好要有點狀、線狀、面狀、體狀的圖形存在，增強重量感。 |
| --- | --- |

# 雙層復古韓式裱花蛋糕

## 材料

6寸疊加8寸的雙層抹面蛋糕（2個蛋糕的高度都是13公分左右）。

花卉、葉子、雪柳條（豆沙霜），小枝條，豆沙奶油。

## 操作步驟

1 用油畫刀刮取少許奶油，壓在蛋糕的表面做出花瓣的形狀。

2 在6寸的蛋糕上用對稱形的方法擺放花卉，先擺左側的花卉，注意花卉擺放用前低後高的方法，比較高的位置可以用豆沙奶油在花卉的下面擠出底座。

3 用同樣的方法擺右側的花瓣，注意花卉高低錯落的效果。

4 在2個蛋糕之間擺放花朵，注意不要選擇太大的花形，容易把蛋糕壓變型，或者掉落。

5 在蛋糕的底部擺上花朵。

6 放上葉子、小枝條和雪柳條裝飾，增加整體的靈動感。

7 這款雙層復古韓式裱花蛋糕就做好了。

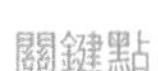

關鍵點：雙層蛋糕需要有一定的支撐力，一般選用海綿蛋糕作為底胚。

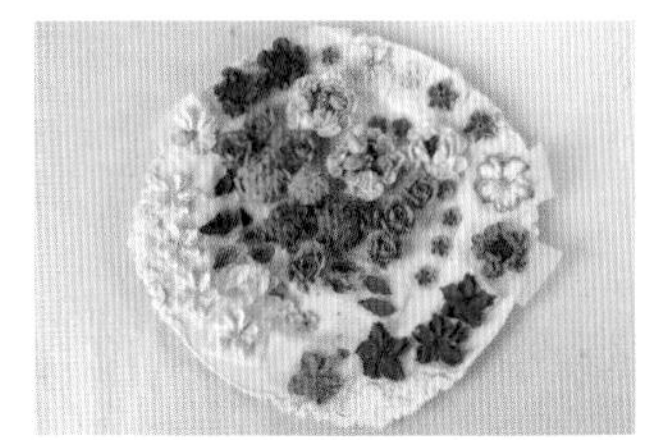

1

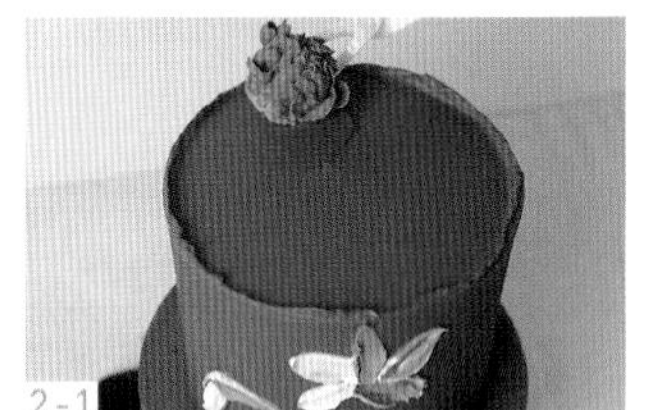

2-1

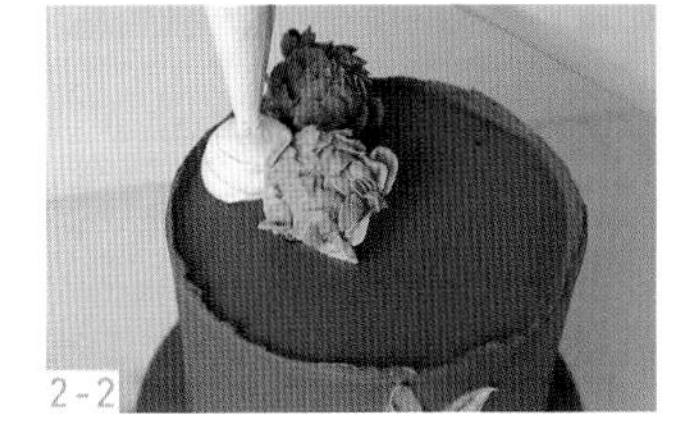

2-2

2-3

2-4

3

4

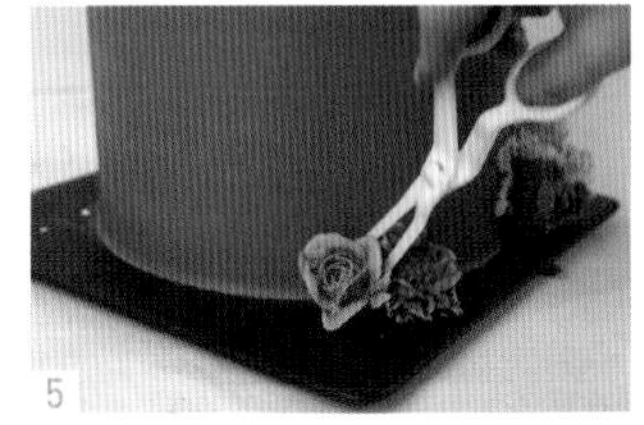

5

6

7

# 復古刺繡蛋糕

## 材料

104號、124號、小號8齒花嘴，調好顏色的奶油，小玫瑰花（奶油）。
6寸加高抹面蛋糕（高度10公分左右）。

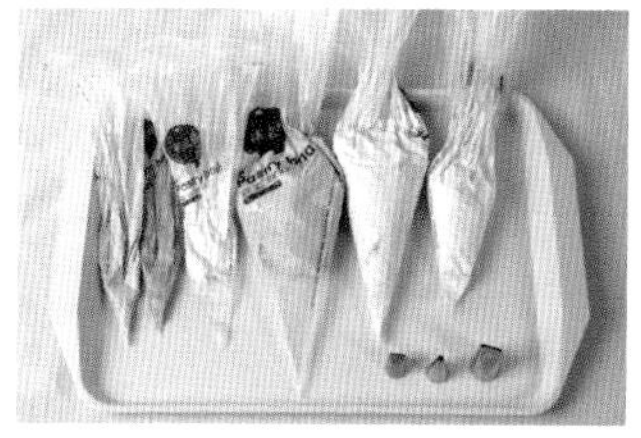

## 操作步驟

1 用軟刮片在蛋糕底部標出一致的弧形印記。
2 用124號花嘴，花嘴長的一端對著蛋糕體，根據印記位置擠出2層裙邊。
3 用小號8齒花嘴擠出2個曲奇玫瑰和1個弧形邊為1組的組合花邊。
4 蛋糕表面擠2層大裙邊作裝飾，擠裙邊時花嘴長的一端對著蛋糕體。
5 裙邊的邊緣再擠1層1個弧形邊、1個曲奇玫瑰和3個貝殼邊為1組的組合花邊。
6 用裱花袋裝奶油剪1個小口畫出花朵的輪廓。
7 以掉線的方法向花心畫直線，對花朵進行填充。

1

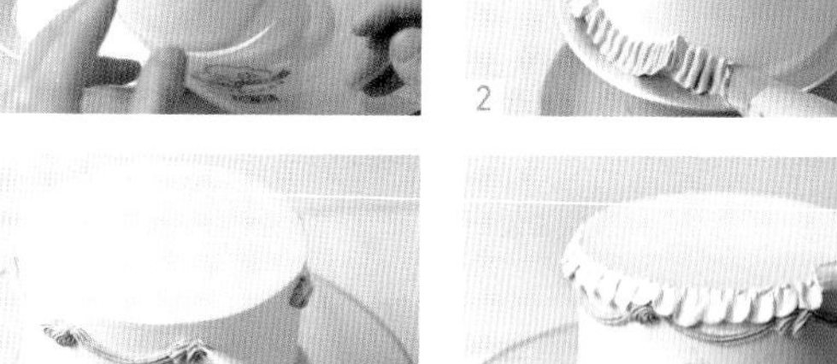

2 3 4-1

4-2

5

6

7

8 擠出葉子點綴，用黃色奶油擠出花朵花心。

9 蛋糕的側面以擠水滴邊的手法擠上小花裝飾。

10 蛋糕側面的裙邊相接處用提前做好的小玫瑰花裝飾。

11 這款復古刺繡蛋糕就製作完成了。

8-1

8-2

9

10

11

| 關鍵點 | 做刺繡花的奶油不能太稀，太稀的奶油畫出來的線條不清晰。 |
| --- | --- |

# 雙層復古花邊蛋糕

## 材料

鏡框飾件（翻糖模具類飾件），中號8齒花嘴、小號8齒花嘴，124號、104號、2號花嘴，葉子花嘴，調好顏色的奶油。

8寸、6寸加高抹面蛋糕各1個（高度18公分）。

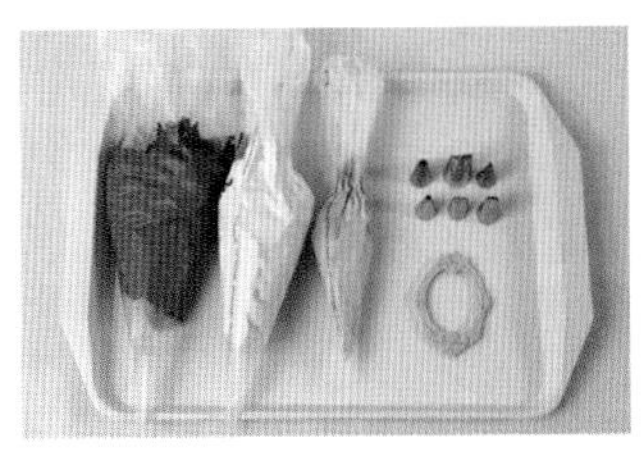

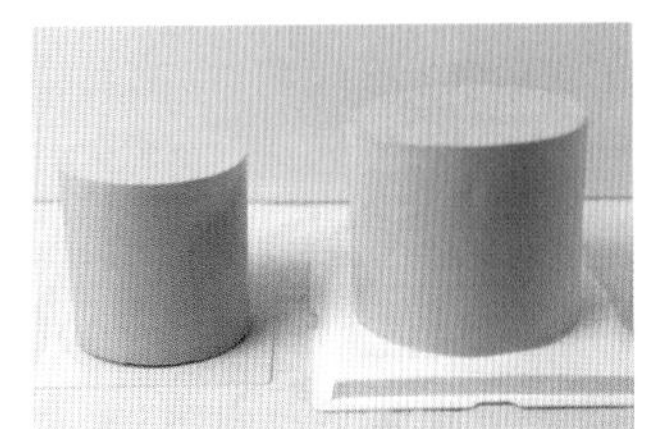

## 操作步驟

1. 把6寸蛋糕放在8寸蛋糕的正上方，6寸蛋糕可以在冷凍後操作。
2. 用104號花嘴，花嘴長的一頭對著蛋糕，在蛋糕的底部擠3層小弧形邊。
3. 用軟刮片在8寸蛋糕的上端做出印記，用124號花嘴根據印記擠出大弧形邊。
4. 用裱花袋剪一個小口在大弧形邊的邊緣位置擠出紫色水滴邊。
5. 用2號花嘴在底部小弧形邊的位置擠出2層的吊邊裝飾。
6. 在每個介面位置擠出逐漸變小的圓點裝飾。
7. 用小號8齒做出貝殼邊、曲奇玫瑰、弧形邊的復古組合花邊。

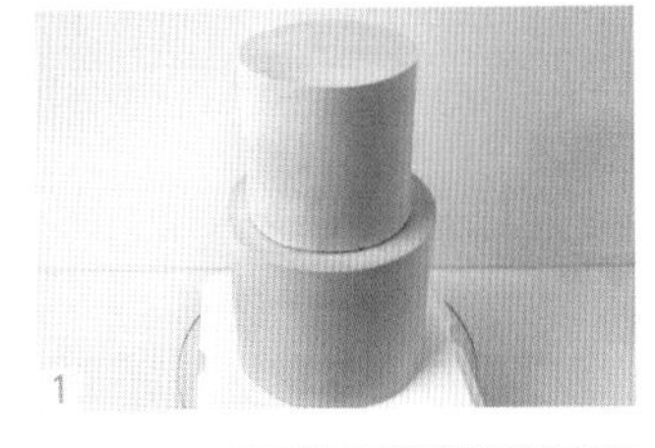
1

2

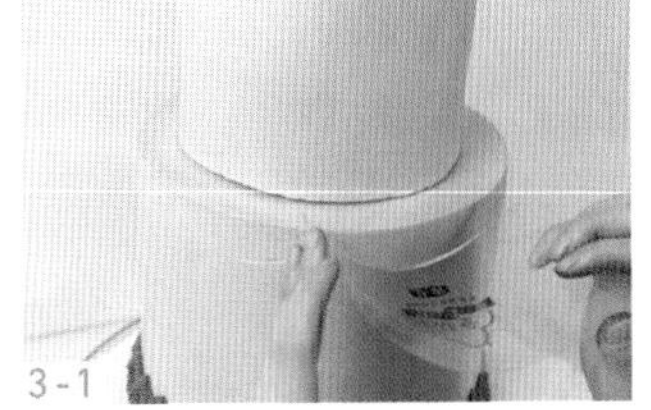
3-1

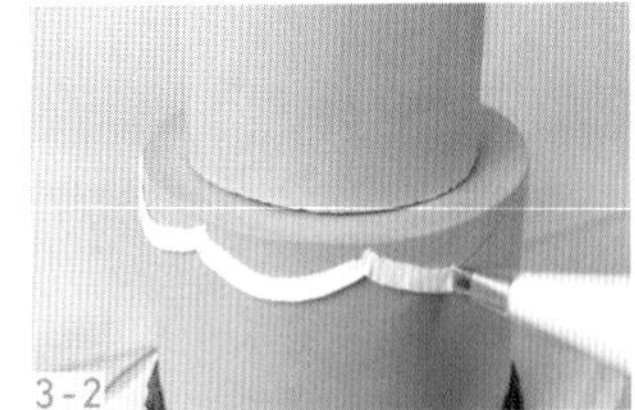
3-2

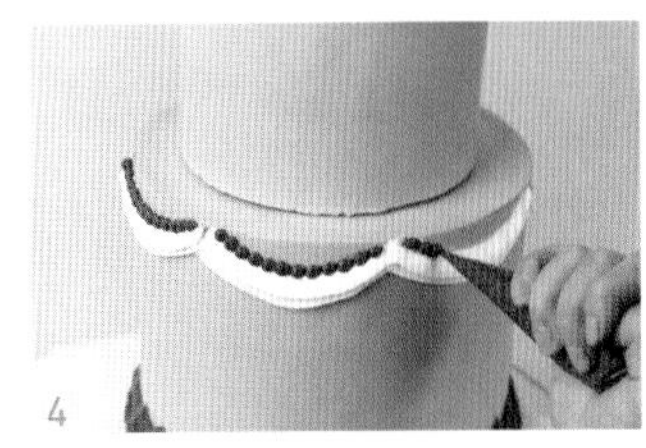
4

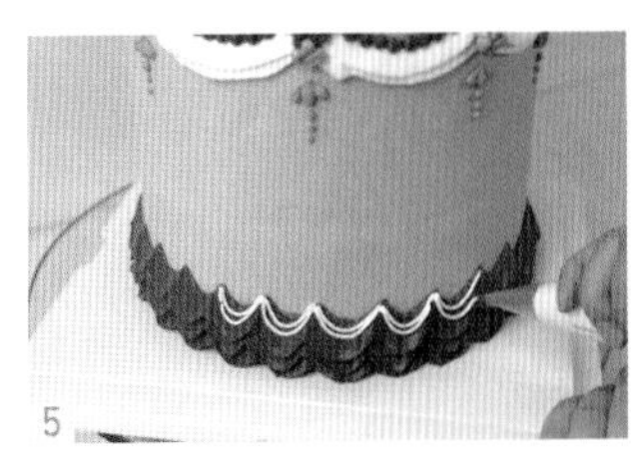
5

6

7

8 用軟刮片在6寸蛋糕側面兩邊做出垂直印記，用葉子花嘴根據印記，輕輕擠出褶皺邊。
9 放上翻糖皮做的鏡框，在裡面擠上不同顏色的水滴邊組成的小花裝飾。
10 用中號8齒花嘴在6寸蛋糕的底部擠上貝殼邊裝飾。
11 用葉子花嘴在6寸蛋糕的頂部擠出褶皺邊裝飾，在褶皺邊的中間線上擠水滴邊裝飾。
12 8寸蛋糕的邊緣擠上褶皺邊和弧形邊的組合花邊裝飾。
13 這款雙層復古花邊蛋糕就製作完成了。

關鍵點 ┊ 如果花邊顏色太深，會出現暈色的情況，可以用奶油霜替換奶油調色。

# 海星立體卡通蛋糕

## 材料

8寸、6寸、4寸蛋糕體各1個，奶油、水果。

2片巧克力片，圍邊、生日帽（翻糖皮），吸管。

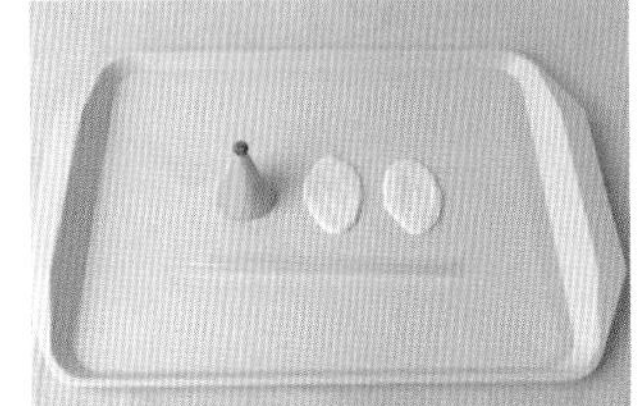

## 操作步驟

1 把吸管和蛋糕盒固定在一起，給蛋糕打樁固定，打樁的方法參考加高蛋糕打樁。

2 蛋糕體切成片狀，蛋糕盒底部抹上奶油，固定好蛋糕體，蛋糕中間放奶油和水果製作夾心。

3 1層蛋糕體、1層夾心進行8寸和6寸蛋糕體的組合，組合好的蛋糕高度在16.5公分左右。

4 用剪刀進行修剪，修剪成一個圓錐形。

5 用裱花袋裝奶油，把蛋糕的表面全部用奶油覆蓋，用軟刮片把奶油表面刮光滑。

1

2-1

2-2

3

4-1

4-2

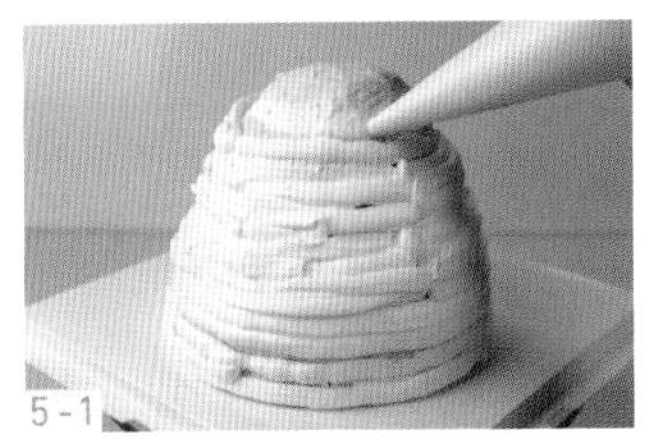
5-1

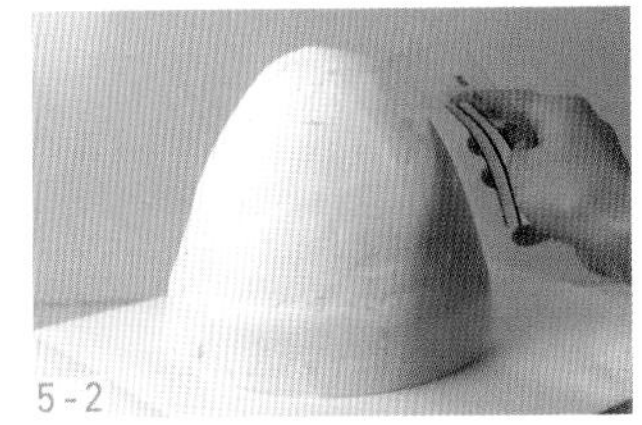
5-2

6 在蛋糕頂部2/3的位置擠滿粉色奶油，用軟刮片刮光滑。

7 底部的1/3的位置擠綠色奶油後用軟刮片刮光滑。

8 在蛋糕的底部加奶油作為海星的腳。

9 把2片巧克力放在蛋糕的兩邊1/2的位置，注意左右對稱，擠上奶油，用軟刮片刮光滑，作為海星的手。

10 給海星的褲子加1條翻糖圍邊，戴上生日帽，擠上奶油花邊裝飾。

11 貼上海星的眼睛，用奶油擠出嘴和腮紅。

12 4寸的蛋糕體做成迷你蛋糕，雙色斷層抹面，上面擠一點綠色奶油作為海草。

13 海星立體蛋糕就做好了。

關鍵點

海星在修剪時，蛋糕的高度和最大直徑的比例是0.88：1，比如蛋糕的高度是16公分，那麼蛋糕的底部最寬的尺寸應該是18公分左右。

6-1

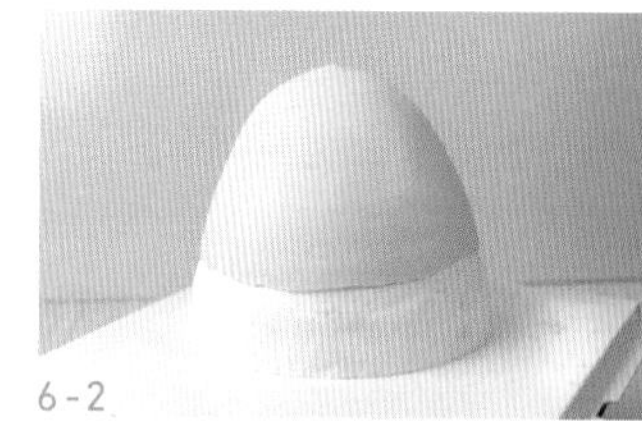

6-2

7

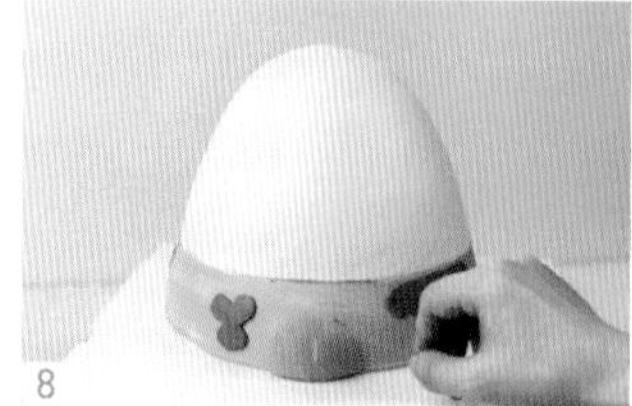

8

9-1

9-2

10

11

12

13

# 粉紅熊立體卡通蛋糕

## 材料

2個6寸蛋糕體。

巧克力片（2個半圓形、1個6寸圓形），吸管，廚師帽、眼睛和鼻子、迷你小麵包（翻糖皮），奶油。

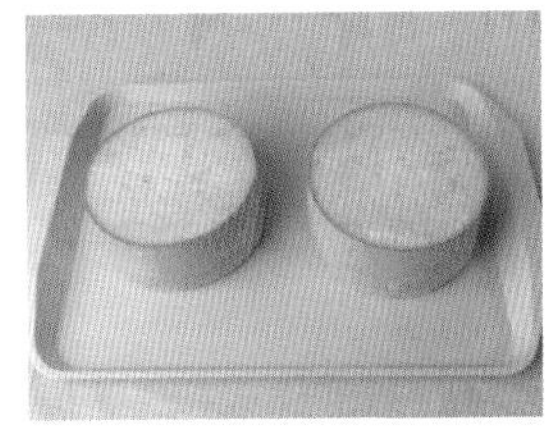

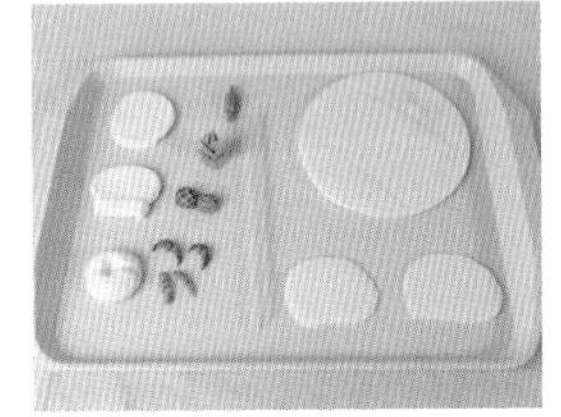

## 操作步驟

1 在盒子的正中間固定好吸管，蛋糕體穿過吸管放在蛋糕盒的正中間做夾心組合。
2 組合好的蛋糕體高度15公分左右，用剪刀進行修剪，修剪成底部大、上面尖的形狀。
3 6寸的巧克力片穿過吸管，用融化的巧克力擠在巧克力片和吸管之間進行黏合。
4 用同樣的方法在巧克力片上加蛋糕體進行組合，蛋糕體的高度15公分左右，用剪刀修剪成圓形即可。
5 用裱花袋裝奶油，擠在蛋糕上，注意不要露出蛋糕體，用軟刮片刮光滑，上面的蛋糕也是用同樣的操作方法，把蛋糕體刮光滑。

1

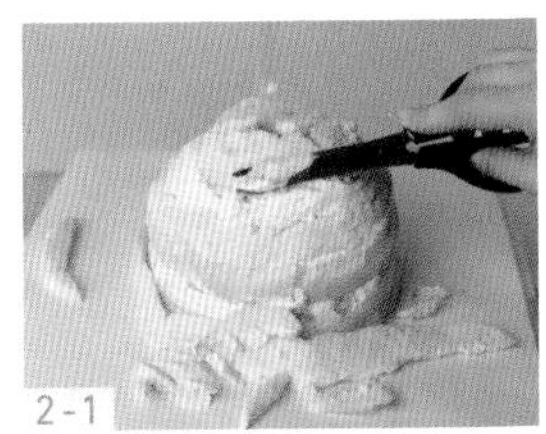
2-1

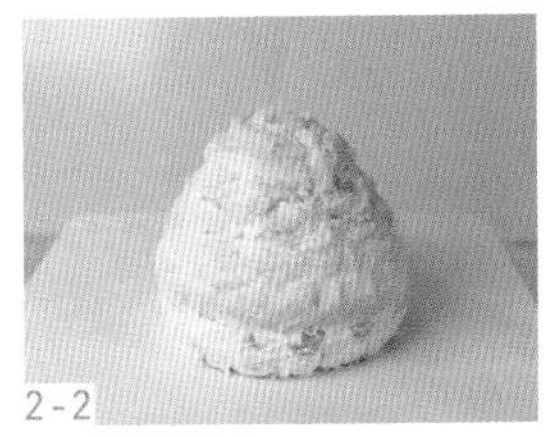
2-2

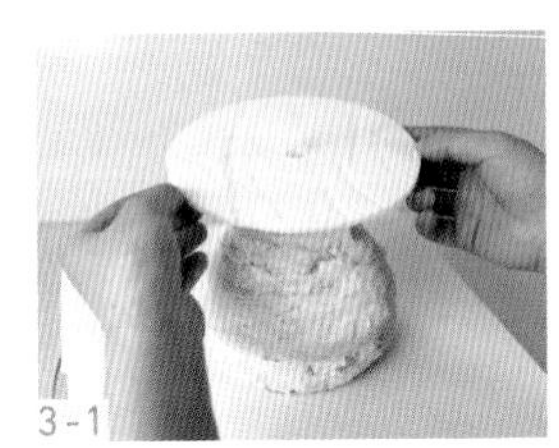
3-1

3-2

4-1

4-2

5-1

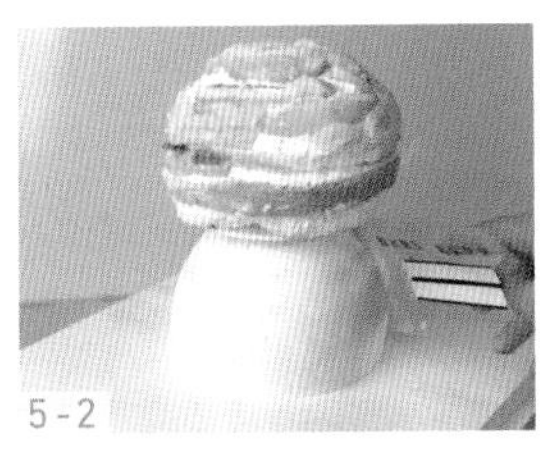
5-2

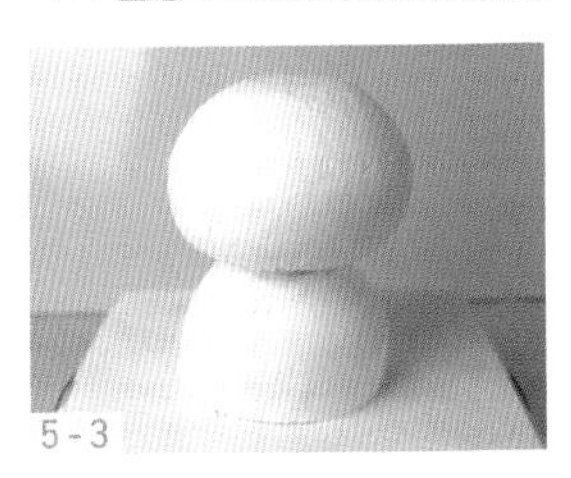
5-3

關鍵點 | 如果卡通形象的頭部過重，也可以用打樁墊片代替巧克力片。

6 在下面蛋糕上增加蛋糕體，作為粉紅熊的手和腳。

7 調一個粉紫色的奶油，給蛋糕體擠滿奶油，用小刮片將奶油刮光滑。

8 用小勺子輕輕拍打奶油，做出表面毛茸茸的效果。

9 頭部也擠上奶油，用軟刮片刮光滑，插上半圓形的巧克力片作為粉紅熊的耳朵。

10 在巧克力片上擠滿奶油，用軟刮片刮光滑，在巧克力片的邊緣位置擠奶油，做出耳朵的造型，同樣用勺子輕輕拍打表面奶油，做出毛茸茸的效果。

11 放上眼睛、鼻子、帽子飾件，給粉紅熊貼上圍裙飾件。

12 放上迷你小麵包，蛋糕就製作完成了。

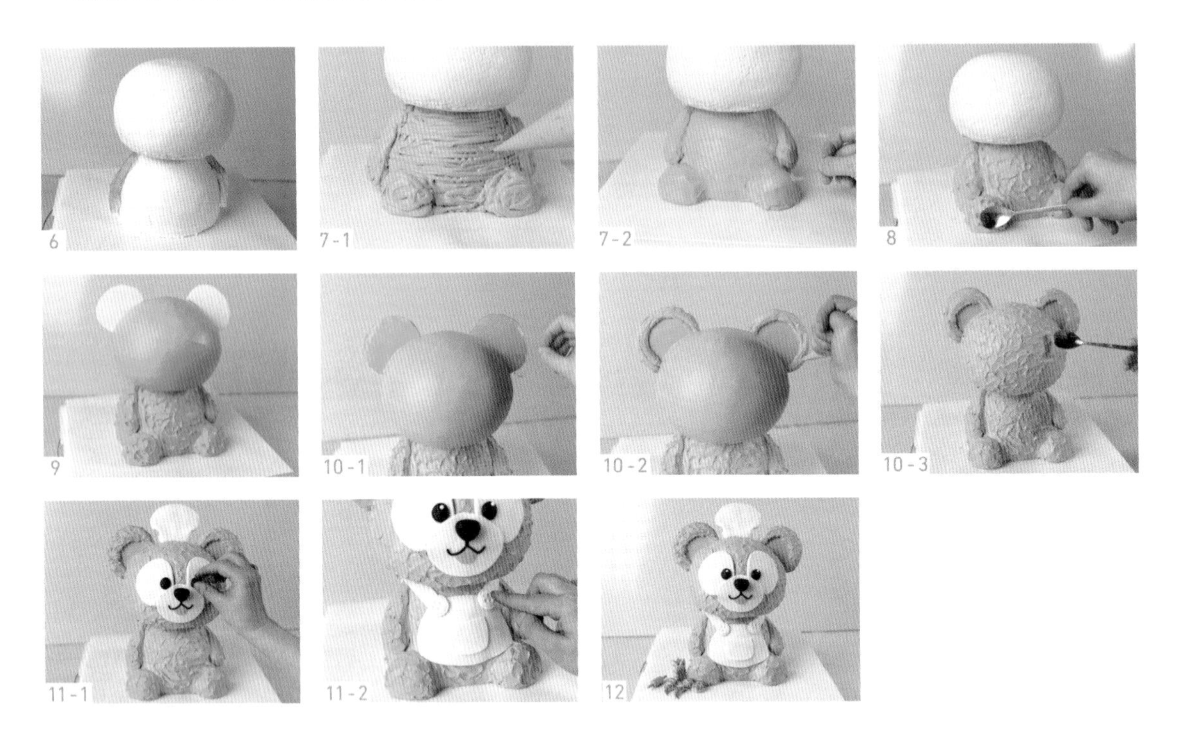

# 護士節蛋糕

## 材料

衣襟（長15公分，寬2公分）、衣領（長19公分，寬5公分）、口袋（長6公分，寬5公分）、鈕扣、OK繃、口罩、藥丸、裝飾品（翻糖皮）。
6寸加高抹面蛋糕體（高度13公分）。

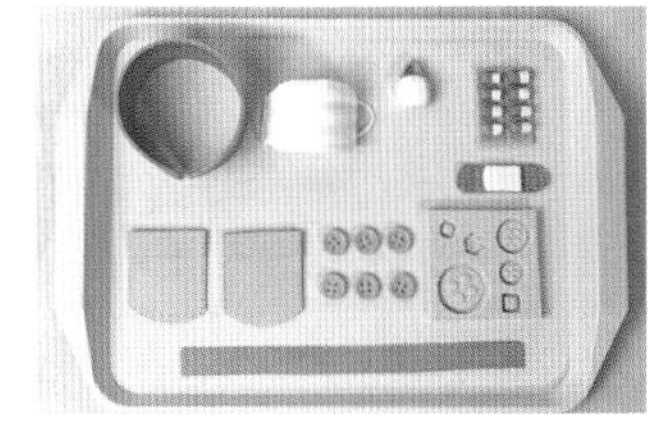

## 操作步驟

1 先放正中間的衣襟裝飾。
2 把衣領放在表面正中間。
3 貼上鈕扣，可以刷純淨水黏合。
4 放上口罩、口袋、藥丸、OK繃裝飾。
5 放上標誌性的小裝飾品，蛋糕就製作完成了。

1

2

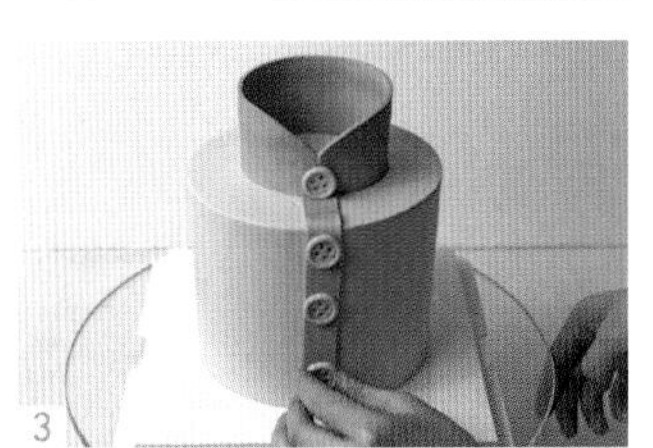
3

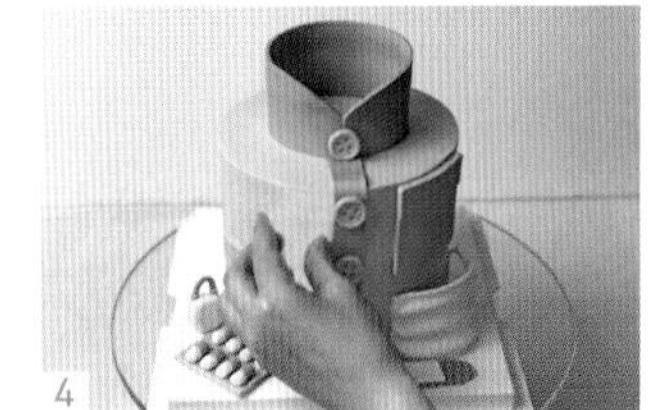
4

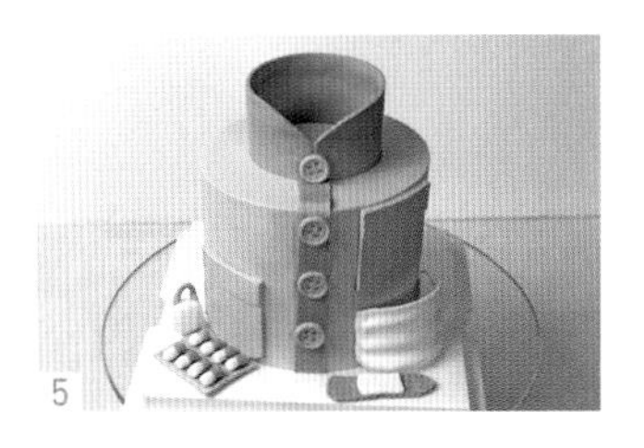
5

敬佑生命
救死扶伤

# 醫生職業裝蛋糕

材料

衣領、領帶、聽診器、衣襟、字牌（翻糖皮）。

8寸抹面蛋糕（高度8公分左右）。

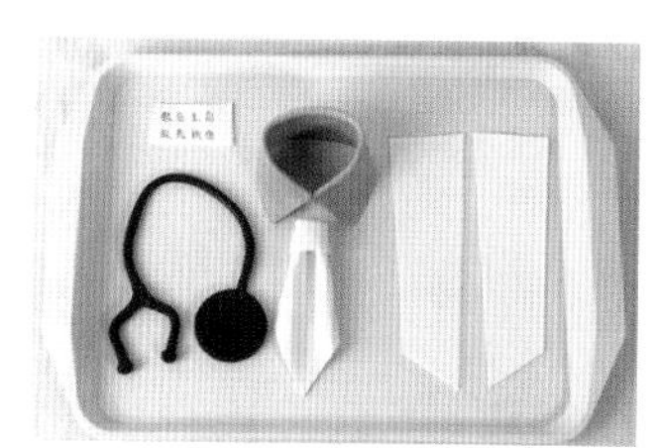

1 先放衣領和領帶，衣領放在距離蛋糕邊緣0.5公分左右的位置，領帶要放在蛋糕的中心線上。
2 放上2片衣襟，衣襟和衣領重疊一部分。
3 再把聽診器和字牌放上。
4 這款醫生制服蛋糕就製作完成了。

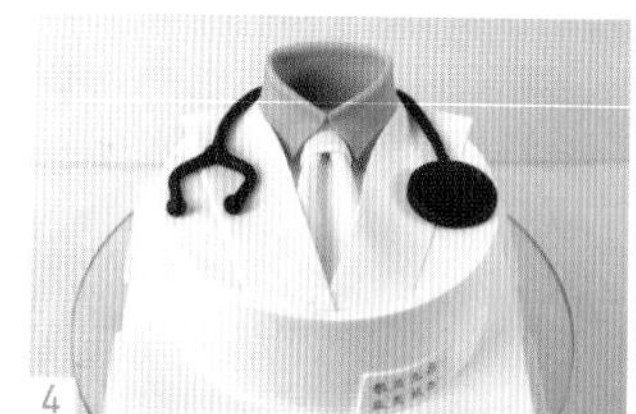

# 母親節蛋糕

## 材料

信件、信封、插牌、蝴蝶結、字母、小花卉、康乃馨（翻糖皮），糖珠。
6寸抹面蛋糕（高度10公分左右）。

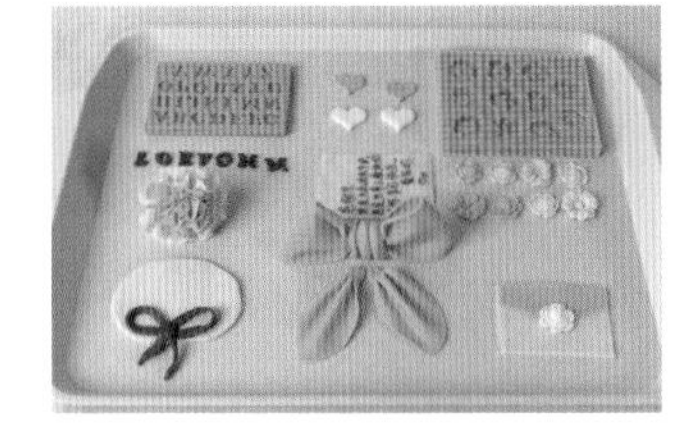

## 操作步驟

第一步：製作翻糖康乃馨

1 用花卉糖皮調出2個深淺不同的粉色。
2 把糖皮擀成薄薄的長條。
3 切成小段，折成小扇子形，把小扇子形組合到一起做出花心。
4 顏色淺的糖皮折成大的扇子形，黏在花心的週邊，作為開放的花瓣。

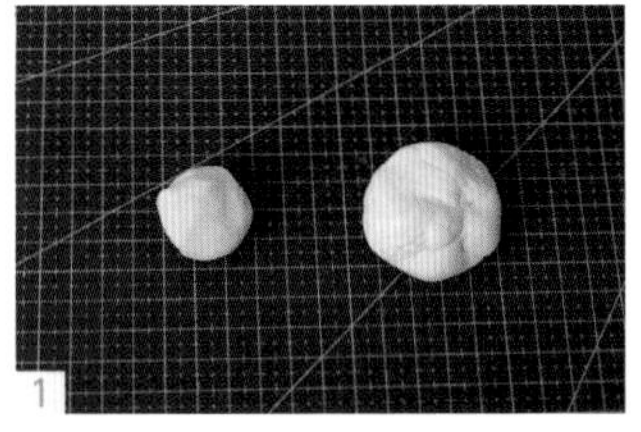
1

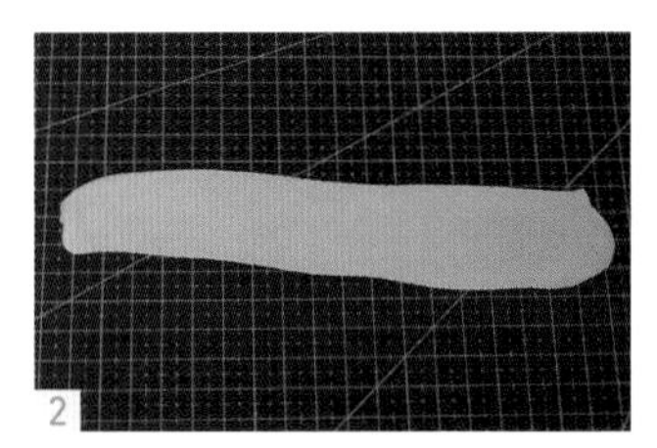
2

3-1

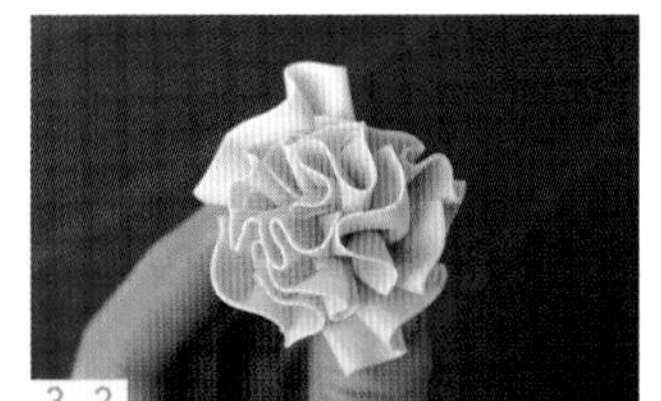
3-2

4

第二步：組裝

5 在蛋糕的表面放上信封、信件、康乃馨。

6 在蛋糕的側面和表面放上小花卉飾件，撒上糖珠。

7 在蛋糕的底部放上蝴蝶結。

8 插牌上黏上字母，裝飾在蛋糕表面。

9 這樣一款母親節主題蛋糕就製作完成了。

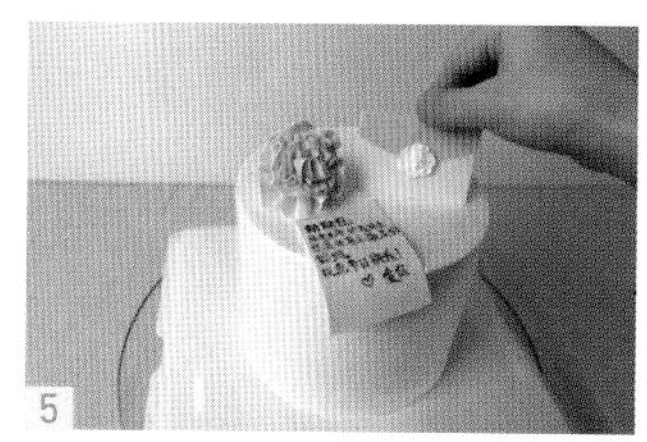

# 父親節蛋糕

材料

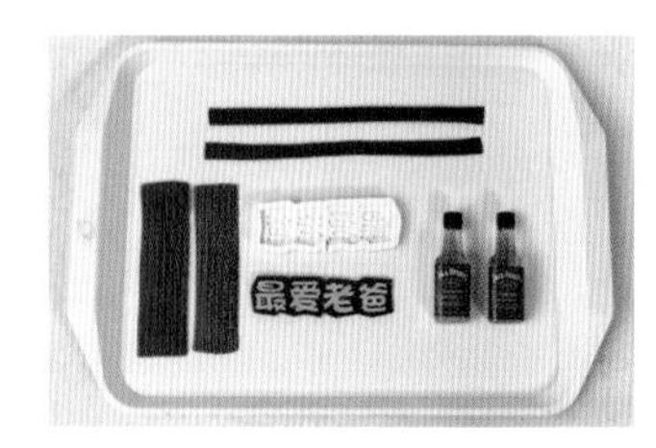

6寸抹面弧形蛋糕（高度9公分）。

木紋切片、字牌、圍邊條（翻糖飾件），

酒瓶擺件，色粉。

涼粉

白涼粉............50克

水................300克

細砂糖............ 20克

操作步驟

1-1

1-2

第一步：製作涼粉

1 水煮開，加入白涼粉煮5分鐘後加入細砂糖，糖溶化後直接倒入容器中，冷藏定型。

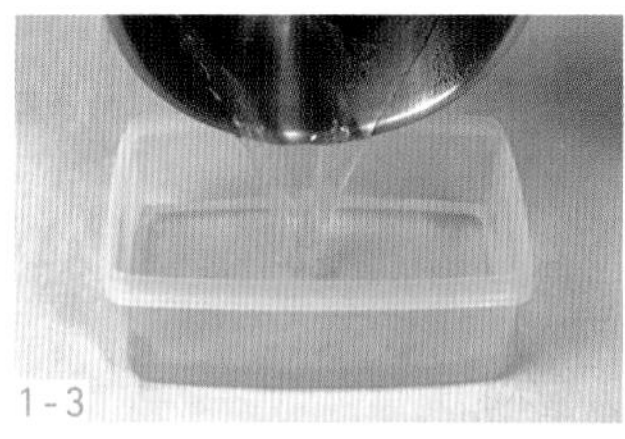

1-3

第二步：組裝

2 在木紋切片上刷上棕色的色粉，不用刷均勻。

3 把木紋切片貼在蛋糕上，注意不要露太大的縫隙。

4 圍邊條的一面刷少許純淨水黏合，貼在蛋糕的上下兩端。

5 定型好的涼粉切成方塊，放在蛋糕上作冰塊。

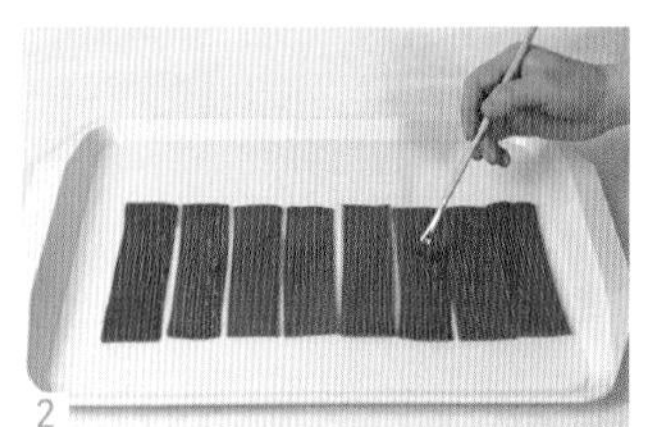

2

3

4

5

6 貼上字體糖牌。

7 放上酒瓶裝飾。

8 蛋糕就製作完成了。

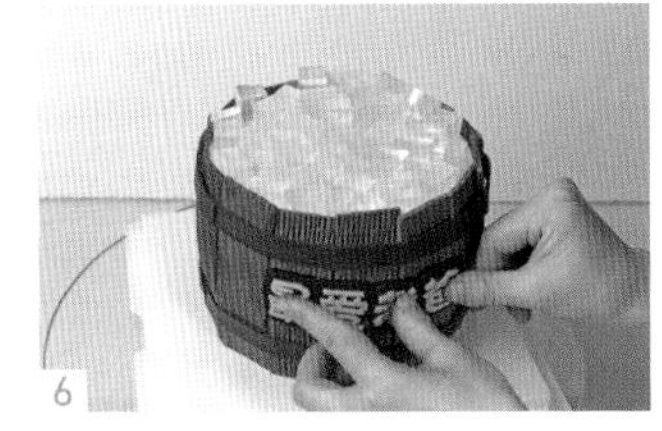

| 關鍵點 | 製作涼粉，切忌冷凍定型，冷凍會使涼粉產生冰渣，不透明。 |
| --- | --- |

52

# 情人節蛋糕

## 材料

小熊飾件（翻糖）、心形飾件（翻糖模具類飾件）、玻璃瓶和數字（手繪糖牌）、糖珠、氣球飾件。

6寸加高抹面蛋糕（高度10公分左右）。

## 操作步驟

### 第一步：製作小熊飾件

1. 準備調好顏色的糖皮：頭40克，身體15克，單個胳膊2克，單個腿5克，鼻子2克，單個耳朵1克。
2. 把40克的糖皮搓光滑至水滴形，把15克的糖皮搓成橢圓形。
3. 把2個搓好的糖皮組合在一起，中間可以用竹簽或塗抹清水進行黏合固定。
4. 把2個2克的糖皮搓成水滴形，2個5克的糖皮搓成0.3公分厚的圓形，分別刷上水進行黏合。
5. 黏上耳朵，注意左右對稱，2克的糖皮擀薄，切成橢圓形，貼在臉的下半部分。
6. 用黑色的糖皮做出鼻子和眼睛，放上模具做的蝴蝶結，用工具壓出小熊中線的淺條紋，小熊就做好了。

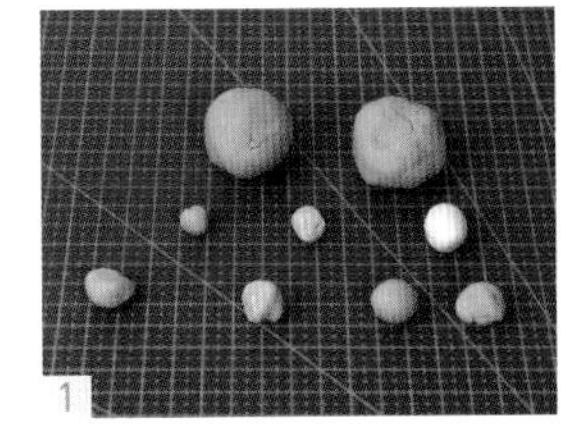
1

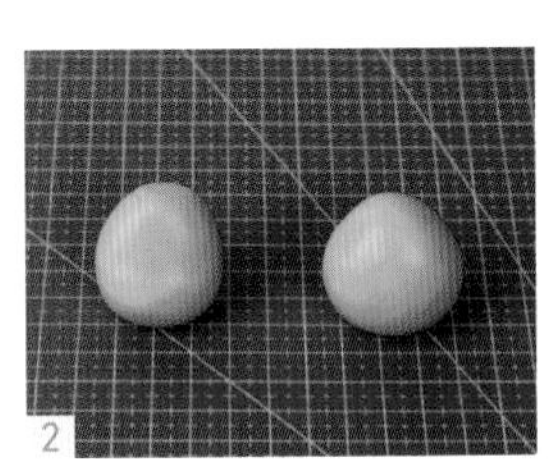
2

3

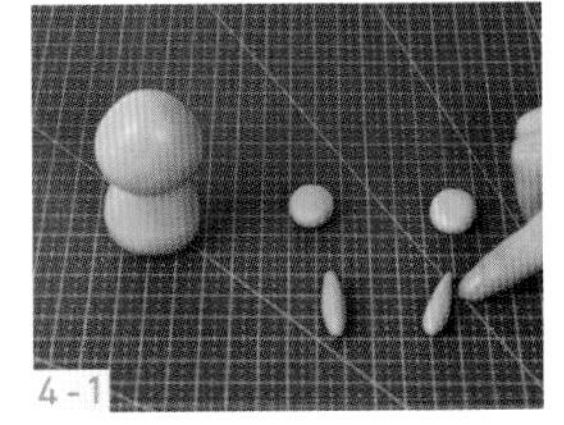
4-1

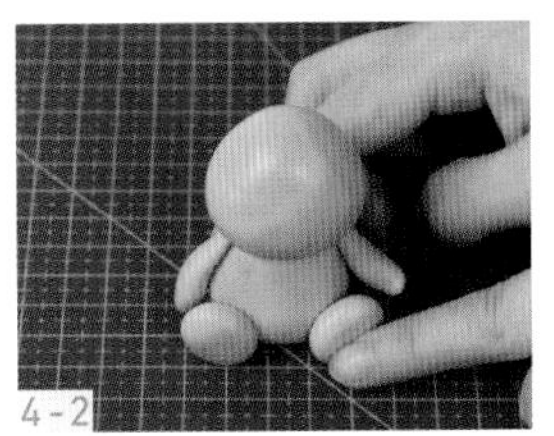
4-2

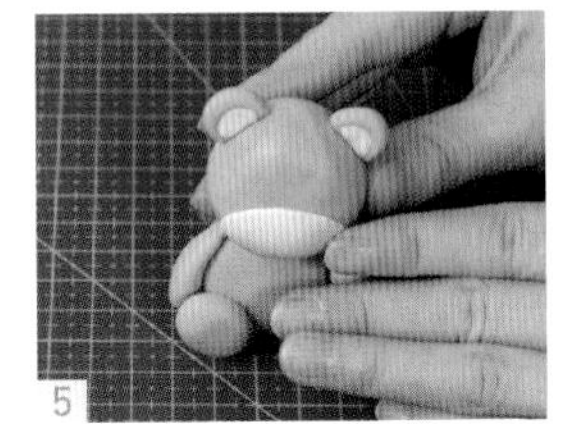
5

6

### 第二步：組裝

7. 把玻璃瓶糖牌貼在蛋糕側面的正中間，在瓶子的上面刷純淨水貼上心形配件，顏色由深到淺。
8. 放上數字糖牌和小熊作裝飾，把氣球配件放在小熊手上。最後放上糖珠點綴，蛋糕就製作完成了。

7

8

| 關鍵點 | 小熊飾件有一定的重量，在裝飾時可以在底部插上糖棒作支撐。 |
|---|---|

# 耶誕節蛋糕

材料

雪花（巧克力），聖誕樹（翻糖），藍色聖誕樹、藍色棒棒糖（蛋白霜），雪花棒棒糖（艾素糖），聖誕主題擺件，糖珠，防潮糖粉。

6寸加高抹面蛋糕（高度13公分）。

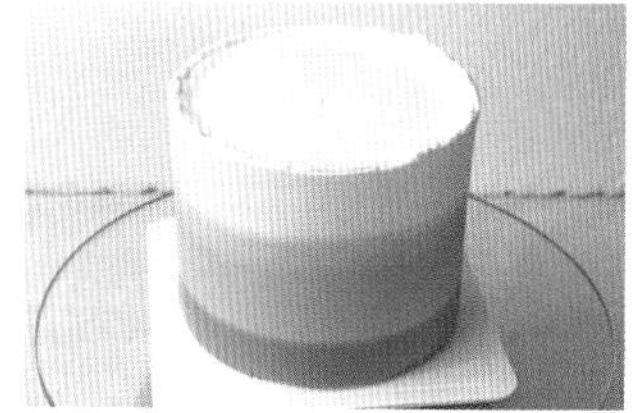

| 關鍵點 | 1. 聖誕老人的裝飾比較重，用熱熔膠黏合在打樁釘上，再裝飾在蛋糕上，避免蛋糕變形。<br>2. 前低後高的裝飾手法又稱集中擺放法，可以在飾件數量有限的情況下做出飽滿的效果。 |
| --- | --- |

操作步驟

1 藍色的聖誕樹，插在蛋糕正中間。
2 按前低後高的裝飾手法，放上剩下的蛋白霜飾件。
3 在裝飾好的飾件之間的縫隙處插入艾素糖飾件、白色聖誕樹作裝飾。
4 在上表面右下角的位置放上聖誕老人的擺件。
5 分散放上雪花飾件裝飾，撒少許糖珠點綴。
6 撒上防潮糖粉增加氛圍感，這款耶誕節蛋糕就製作完成了。

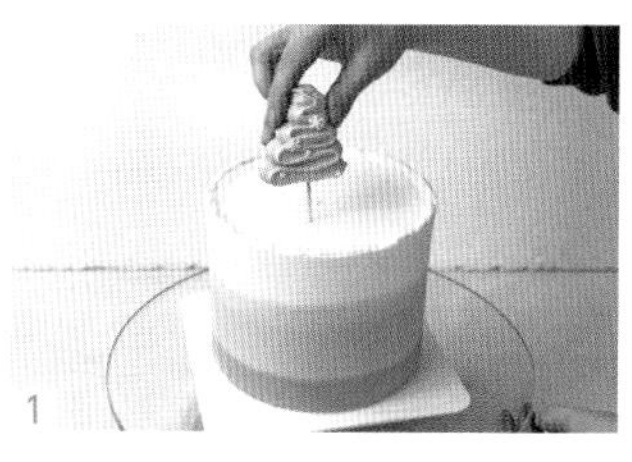
1

2

3

4

5

6

Happy Birthday

# 兒童節蛋糕

## 材料

巧克力空心球，衣服、五官等飾件（翻糖皮），插牌裝飾。蛋糕體薄片、奶油，花籃嘴。

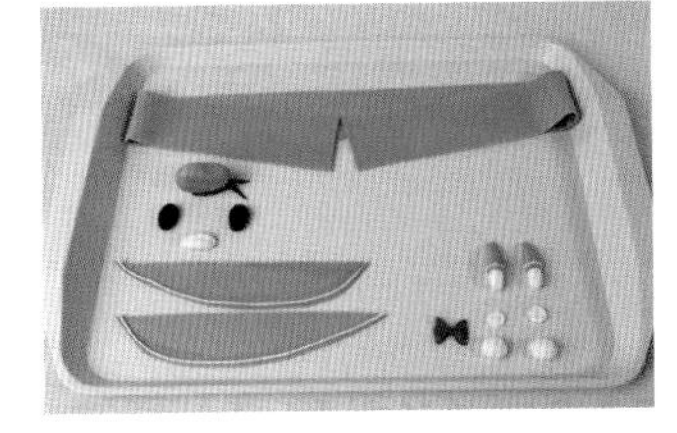

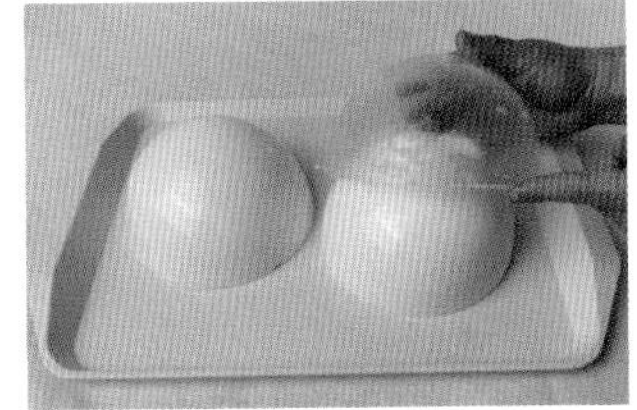

## 操作步驟

第一步：製作巧克力空心球

1 把融化的巧克力倒在球形模具中。
2 左右晃動，讓巧克力均勻地黏在模具上。
3 反覆多次重複動作，隨著巧克力的溫度越來越低，黏在模具上的巧克力就越厚，巧克力的厚度在0.3公分左右時就可以放入冰箱冷凍定型了。
4 冷凍20分鐘左右，用小刀把模具邊緣位置的巧克力刮齊整。
5 放在盤子上，輕輕拍模具，使巧克力和模具分離，就可以脫模了。
6 在蛋糕底盤中心擠上融化的巧克力，放上用甜甜圈模具做好的巧克力飾件，作為底座，在表面加上融化的巧克力，固定球形模具。

1

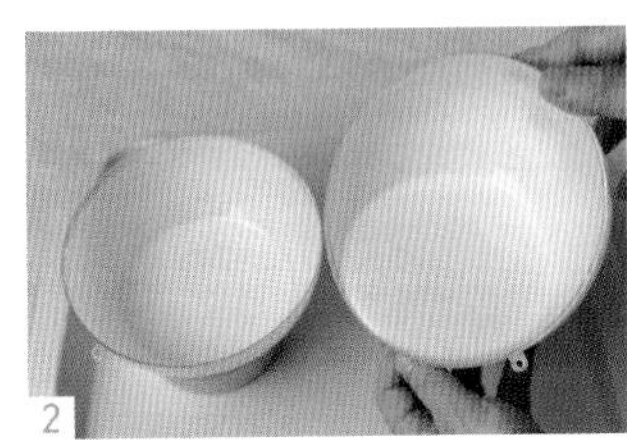
2

3

4

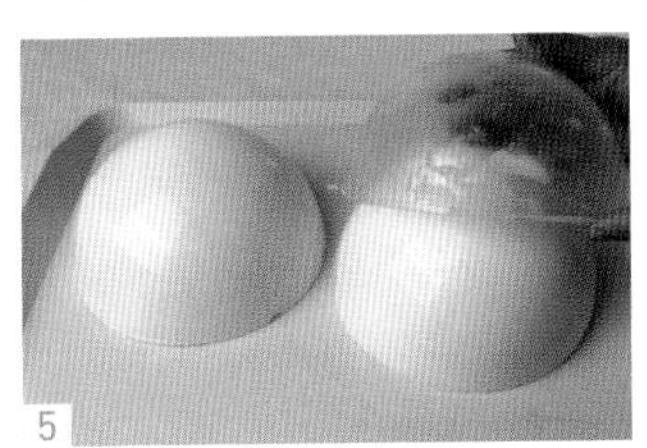
5

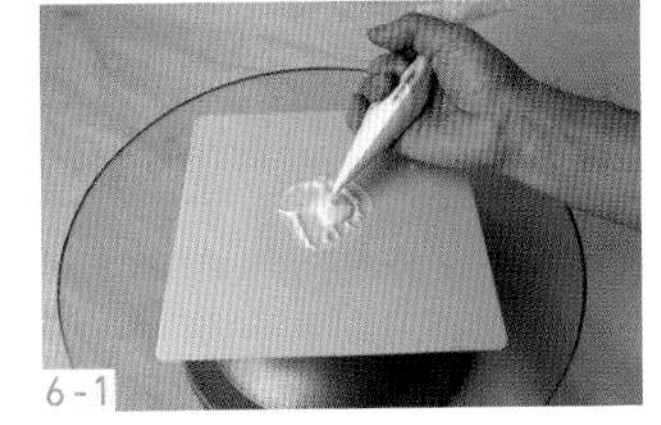
6-1

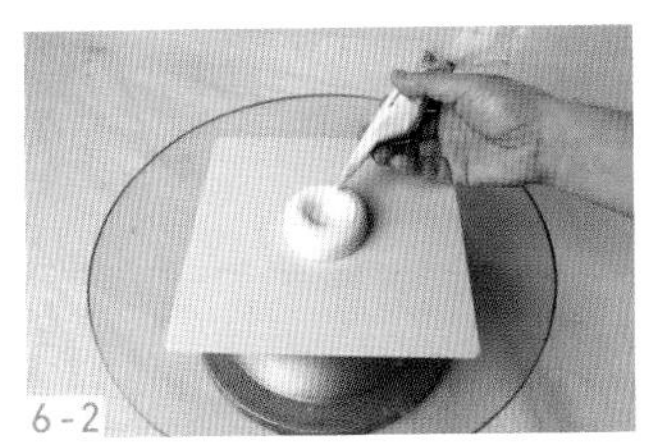
6-2

6-3

7 在球形模具中放入蛋糕體和水果夾心，表面抹好奶油，用軟刮片刮光滑，用花籃嘴以擠裙邊的方式在表面邊緣擠一圈花邊，放水果和插牌裝飾，放上另一半球形巧克力。

8 用融化的巧克力把2個半圓形黏合到一起，把表面多餘的巧克力刮乾淨。

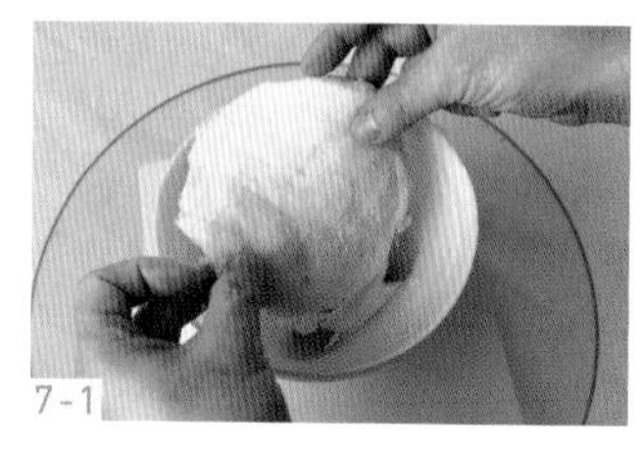

7-1

7-2

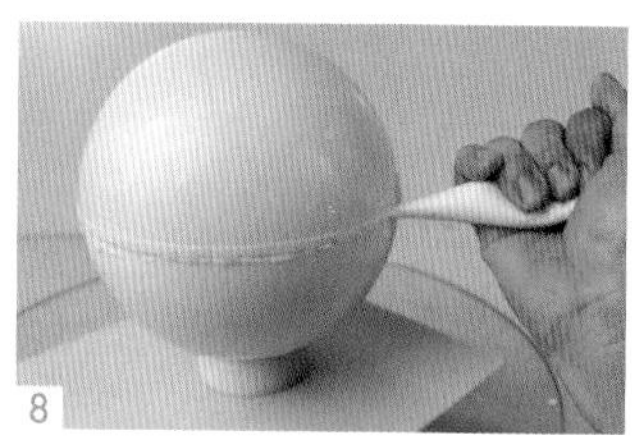

8

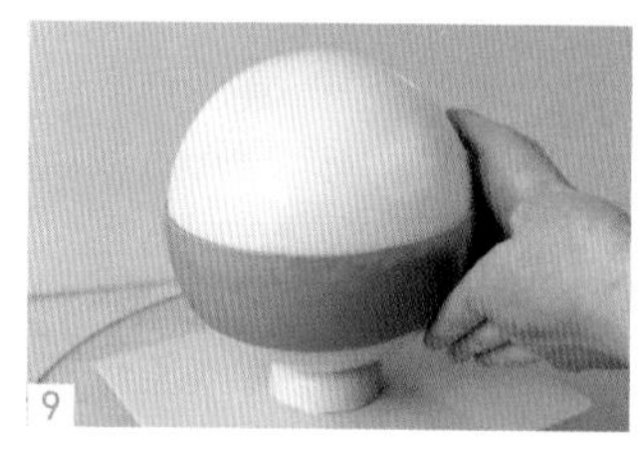

9

第二步：表面裝飾

9 在做好的衣服翻糖飾件上刷上清水，貼在2個半圓形介面的位置。

10 在衣服的邊緣位置貼上衣領，注意左右對稱。

11 放上帽子、手、腳、眼睛等小飾件，畫上眉毛，帽子放在蛋糕的側面容易滑落，可以用竹簽固定。

12 可愛的蛋糕就做好了。

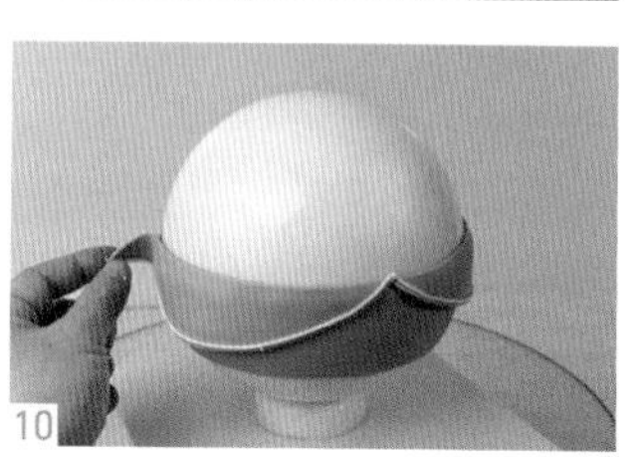

10

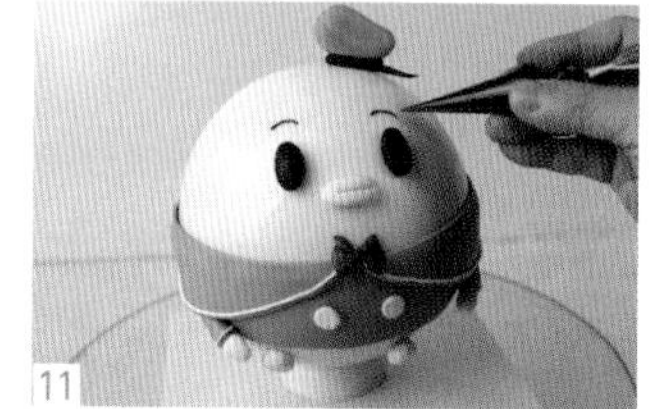

11

12

| 關鍵點 | 1. 巧克力的外殼不能做得太薄，避免外殼破損。<br>2. 用同樣的操作方法，可以做出多種卡通形象。 |
| --- | --- |

# 霜淇淋立體蛋糕

## 材料

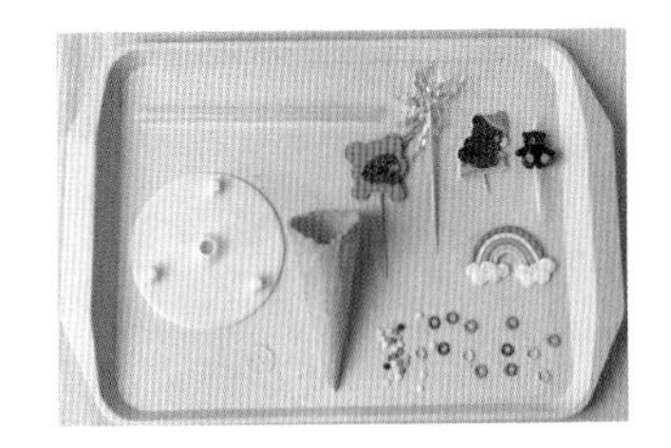

蛋糕體薄片、巧克力、奶油。
雪糕筒、小熊飾件、小熊蠟燭、彩虹飾件、鈕扣飾件（翻糖皮）、彩色糖珠、小彩旗、墊片、吸管。

| 關鍵點 | 建議選用重量較輕的飾件裝飾蛋糕，避免蛋糕變型。 |
|---|---|

## 操作步驟

1 墊片光滑的一面打上熱熔膠，黏在盒子的正中間，插上吸管。熱熔膠很容易凝固，打熱熔膠的時候速度要稍快一些，注意不要燙傷手。

2 在雪糕筒裡面擠上融化的巧克力，以隔絕奶油裡的水分。如果直接在雪糕筒裡放蛋糕和奶油夾心，雪糕筒會吸水變軟、變形。

3 雪糕筒底部剪一個口，穿過吸管固定。

4 蛋糕體用光圈模具壓出不同大小的蛋糕體。

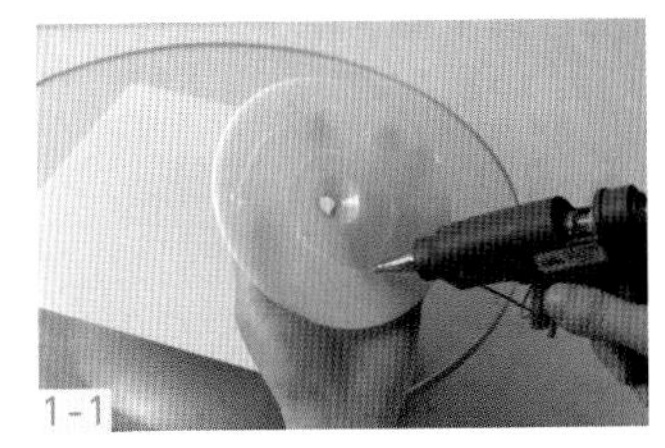
1-1

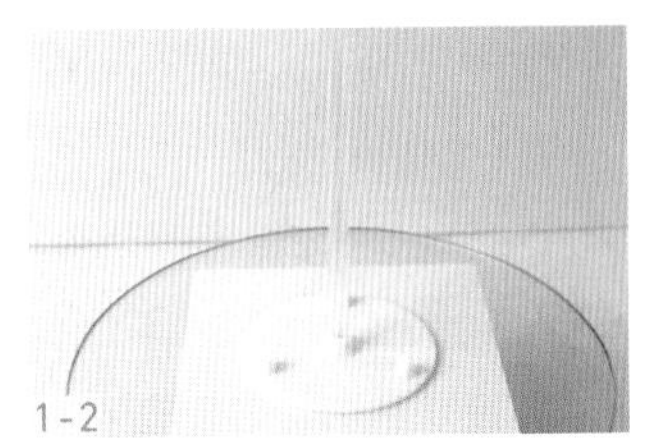
1-2

2

3

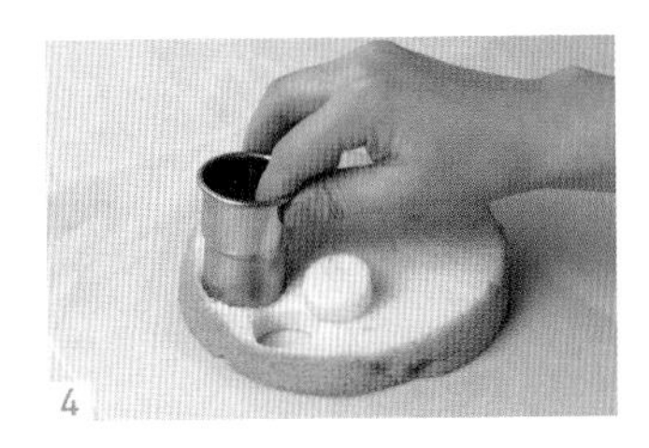
4

5 蛋糕體按照下小上大的順序放入雪糕筒中，1層蛋糕體、1層奶油。

6 蛋糕體繼續疊加至超出雪糕筒一半的高度，用剪刀修出圓形。蛋糕體要穿過吸管獲得支撐，否則超出雪糕筒的部分很容易塌陷。

7 用裱花袋裝奶油，擠奶油覆蓋住全部蛋糕體，用軟刮片把表面奶油稍微刮平整，做出雪糕的形狀。注意奶油不需要刮得很光滑，將刮片折出弧形角度，做出雪糕飽滿的效果。

8 底部用奶油覆蓋住墊片的位置。

9 底部撒上彩色糖珠裝飾，放上小熊飾件增加層次感，雪糕的表面放上彩虹飾件、小熊蠟燭、小熊飾件、小彩旗裝飾。

10 放上小鈕扣飾件，撒少許糖珠裝飾，蛋糕就製作完成了。

5

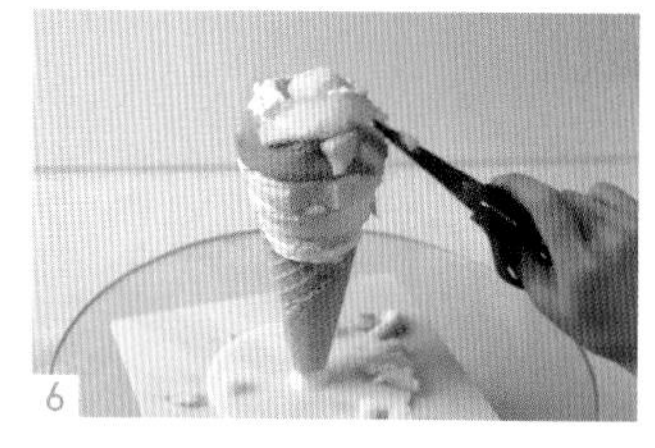
6

7-1

7-2

8

9

10

Happy
Birthday

# 小公主懸浮蛋糕

材料

小公主擺件，氣球等飾件，6寸墊板，吸管，蝴蝶結、小裙邊（翻糖皮）。

6寸抹面蛋糕2個（高度10公分左右）、奶油。

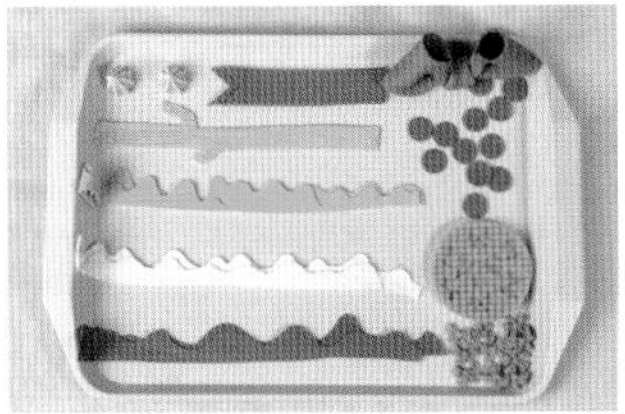

操作步驟

1 墊板上擠熱熔膠，貼在蛋糕盒底座左上角的位置，不要放在底座的正中間，在相應的位置插上吸管，固定好，吸管長17公分左右。
2 抹面蛋糕提前用吸管掏空1個位置。
3 把吸管從蛋糕孔的中間穿刺過去，可以起到固定的作用，在吸管的頂端，放上墊片，墊片的中心點放上1根吸管，以固定另一個蛋糕。另一個蛋糕正中間用吸管掏空，固定到上層墊片上。
4 給底下的蛋糕的底部擠圓點花邊裝飾。

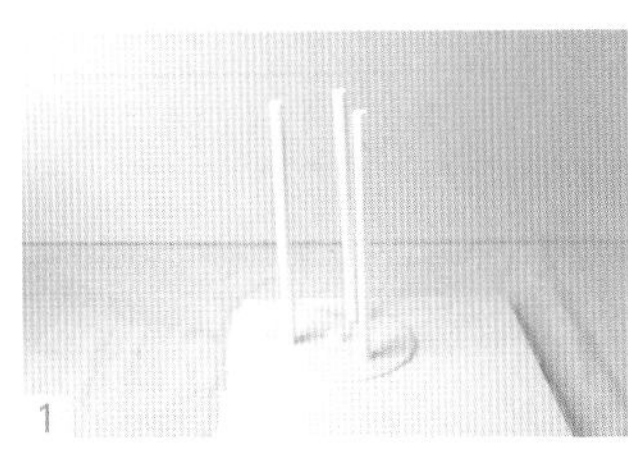
1

2

3

4

5　裝飾第二層的蛋糕，在做好印記的位置擠水滴邊裝飾，放上用翻糖皮做的蝴蝶結飾件。
6　底部用糖皮做的3個不同的裙邊作裝飾，提前做好的裙邊要放在密封袋裡保存，避免飾件變乾定型。
7　用熱熔膠把小公主擺件固定在底座上。
8　放上蝴蝶結和其他的飾件，蛋糕就製作完成了。

5

6

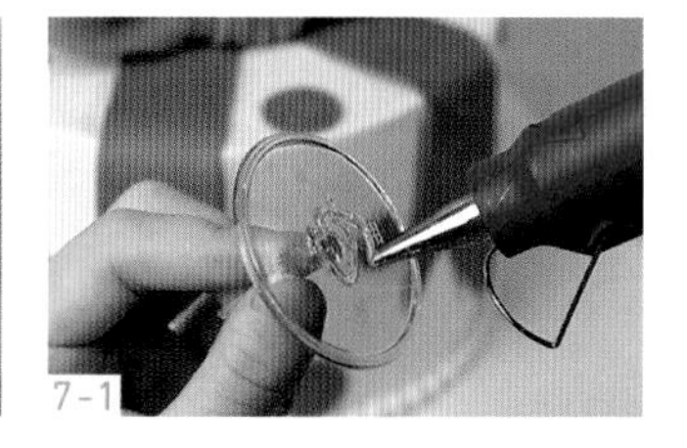
7-1

7-2

8

# 艾素糖飾件裝飾蛋糕

## 材料

6寸加高抹面蛋糕（高17公分左右）、調好色的奶油。

巧克力飾件、艾素糖飾件、糖珠。

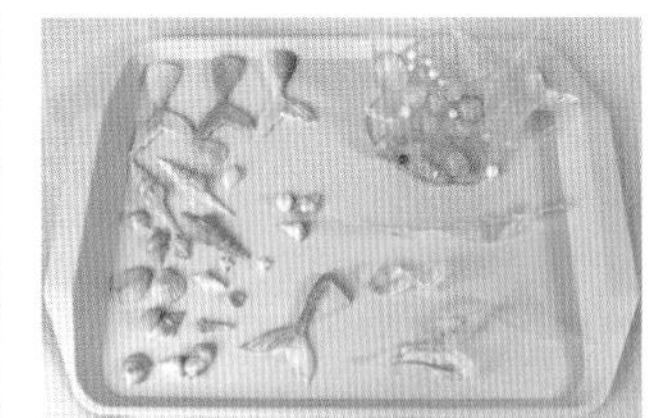

## 操作步驟

第一步：製作艾素糖飾件

1 工具和材料：矽膠墊、牛奶鍋、電磁爐、矽膠模具、高溫手套、溫度計、長柄矽膠刀，色粉、艾素糖。

2 艾素糖倒入牛奶鍋中，放在電磁爐上用小火加熱，艾素糖完全融化前不需要攪拌，只需輕輕晃動牛奶鍋，確保受熱均勻。

3 艾素糖加熱到178℃左右就可以使用了，艾素糖加熱的溫度不夠，做出來的飾件容易返潮，黏手。

4 倒少許的艾素糖於高溫墊上，稍放涼後，戴手套把艾素糖往兩邊拉長，形成長條，趁糖還沒有完全冷卻，稍微造型，做成海草的形狀，戴手套可以避免手被燙傷，也能避免在飾件上留下痕跡，影響艾素糖飾件的光澤度。

1

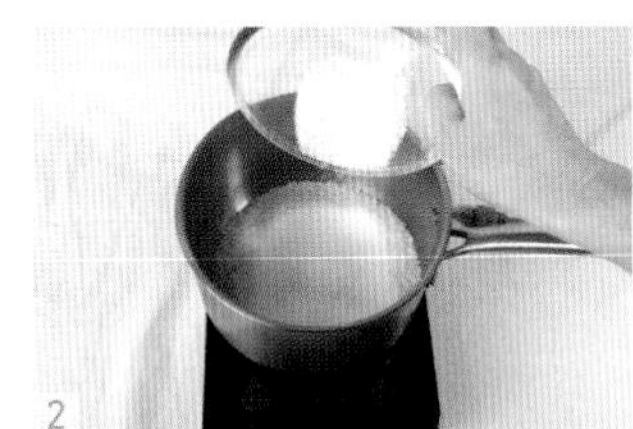

2

3

4-1

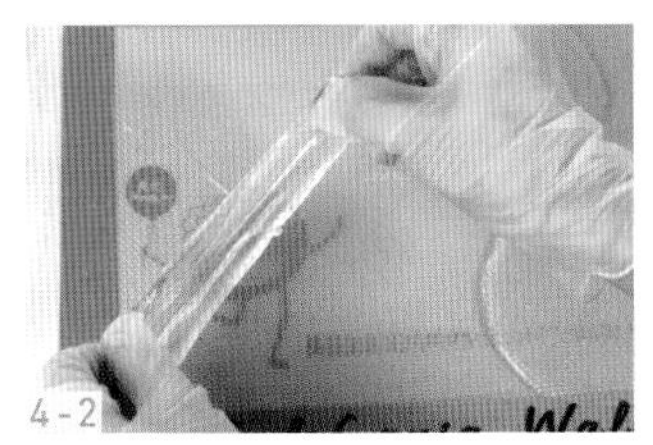

4-2

4-3

5 在矽膠墊上，倒2塊圓形糖板備用。從同一個中心點倒糖，融化的糖會自然擴散形成圓形的糖板，用同樣的方法也可以做出棒棒糖的造型。

6 在矽膠模具中倒入艾素糖，製作魚尾和貝殼的飾件，艾素糖要趁熱倒入模具中，做出來的飾件有晶瑩剔透的效果。

7 完全放涼就可以脫模了，在脫模後的魚尾和貝殼表面刷1層色粉，也可以在煮好的艾素糖中直接加入食用色素，進行調色。

8 用火槍把糖板的一面加熱融化一點，把另一塊糖板立在上面，進行黏合。

9 做好的魚尾和貝殼背面用火加熱融化些，黏在糖板上作裝飾。

第二步：組裝

10 調好不同顏色的奶油，用抹刀刀尖輕輕刮在蛋糕的表面，奶油不用刮至光滑整齊，顏色不用混合均勻。

11 做好的艾素糖飾件放在蛋糕的正中間，艾素糖的飾件比較重，如果蛋糕需要運輸，可以在飾件的底部用吸管固定打樁。

12 側面和底部放上巧克力飾件，側面放艾素糖做的海草裝飾，放上糖珠點綴。蛋糕就製作完成了。

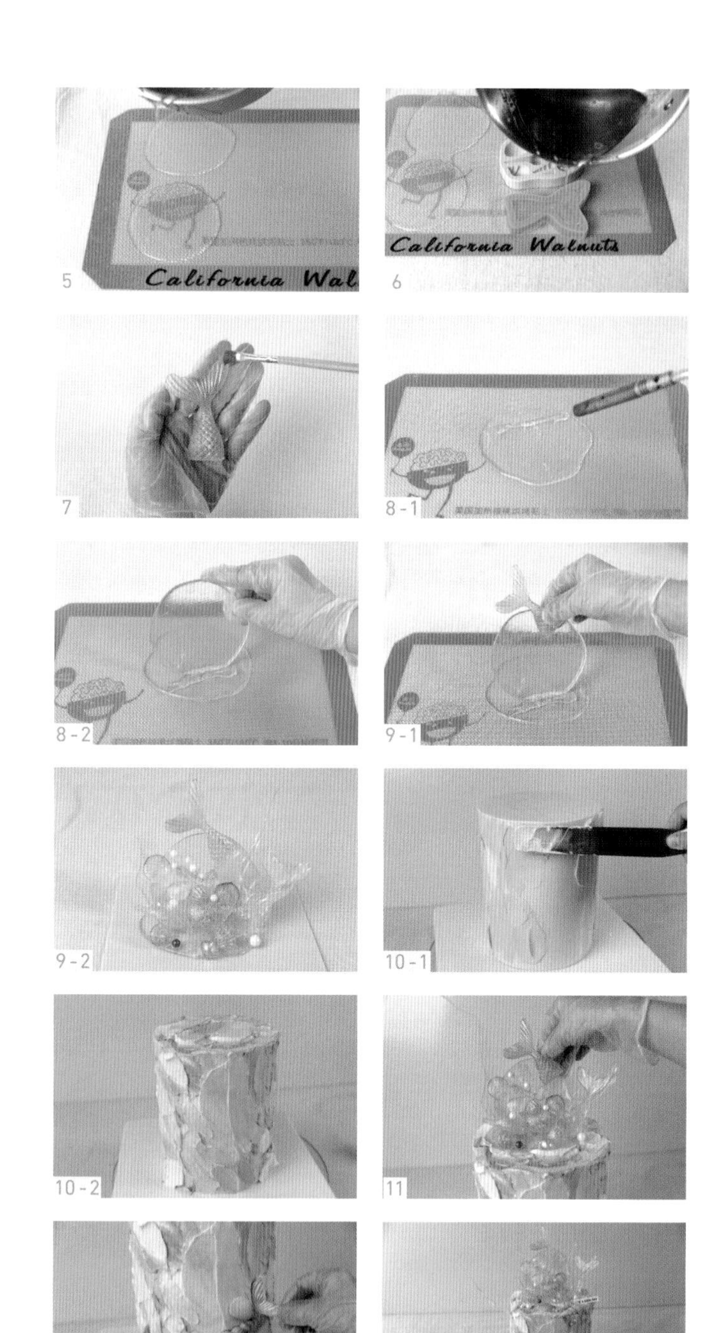

5 6 7 8-1 8-2 9-1 9-2 10-1 10-2 11 12-1 12-2

關鍵點

1. 艾素糖飾件容易受潮，做好的飾件須密封保存，切記不可放冰箱，避免表面起糖霜，失去光澤度。一般情況下，艾素糖裝飾類的蛋糕都是在出單前再裝飾打包，避免飾件接觸奶油的時間太長。
2. 艾素糖較為堅硬，且有不同大小的裝飾配件，5歲以下的兒童不可食用，5歲以上兒童須在成人監護下食用。

HAVE A GOOD DAY

# 高胚滴落蛋糕

## 材料

6寸加高抹面蛋糕（高17公分左右）。

巧克力、巧克力墊片、巧克力飾件、金色吸管、雪糕筒、糖珠、蛋白霜。

1 融化的巧克力調好顏色，巧克力的溫度35℃左右時，用裱花袋裝好，剪1個小口在蛋糕表面邊緣位置淋巧克力，巧克力的量不斷變化，自然流淌。

2 在蛋糕的表面放1片巧克力片，用融化的巧克力把飾件和巧克力片進行黏合。

3 表面的巧克力飾件，從高到低，從中心點到蛋糕的邊緣，依次擺放，飾件和飾件之間需要用融化的巧克力進行黏合。在最大的球上蓋上雪糕筒，也用巧克力黏合。

4 把表面的飾件擺好後，再擺蛋糕底部和側面的飾件，蛋糕側面中間的飾件可以用棒棒糖的棍子支撐，不然很容易往下掉。

5 放上小糖珠和蛋白霜遮擋住有瑕疵的地方作點綴，這款蛋糕就製作完成了。

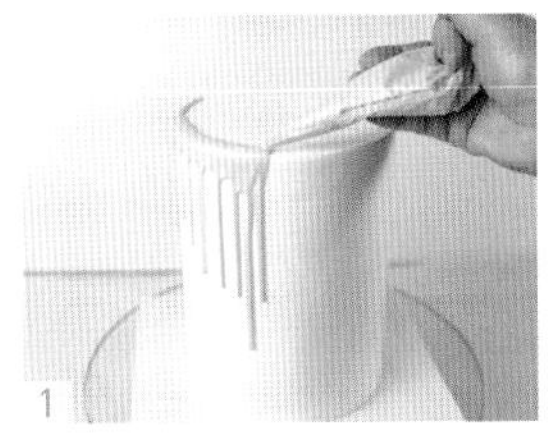

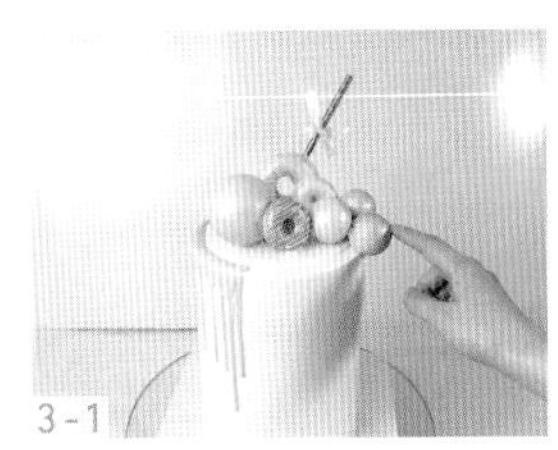

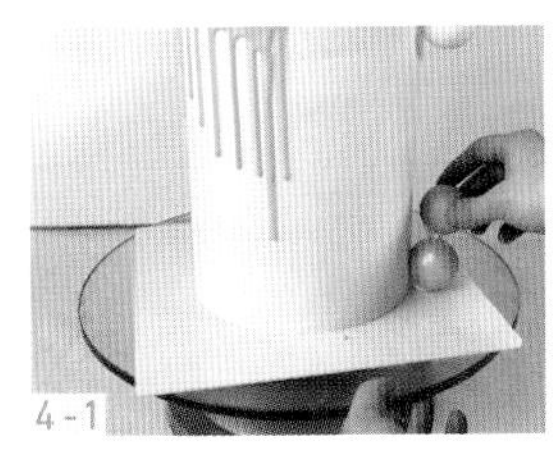


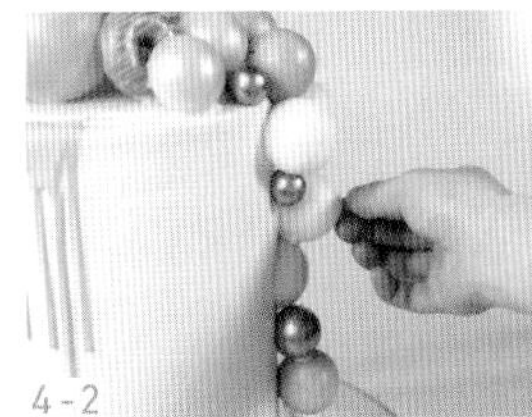


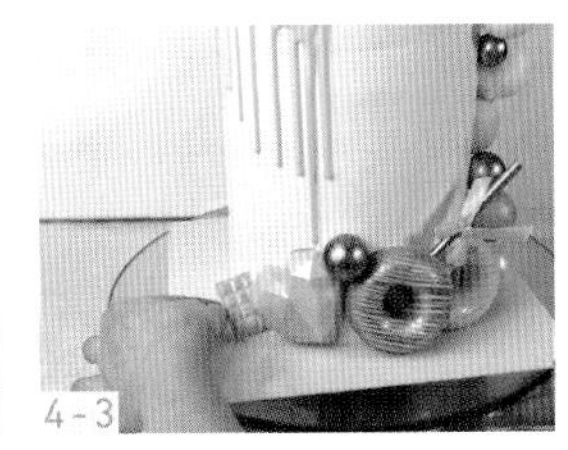

**關鍵點**

1.淋面用的巧克力可以用起司醬替換。

2.球形巧克力飾件用的是空心球，重量較輕，可以放在蛋糕的側面進行裝飾。

# 奶油霜立體卡通蛋糕

## 材料

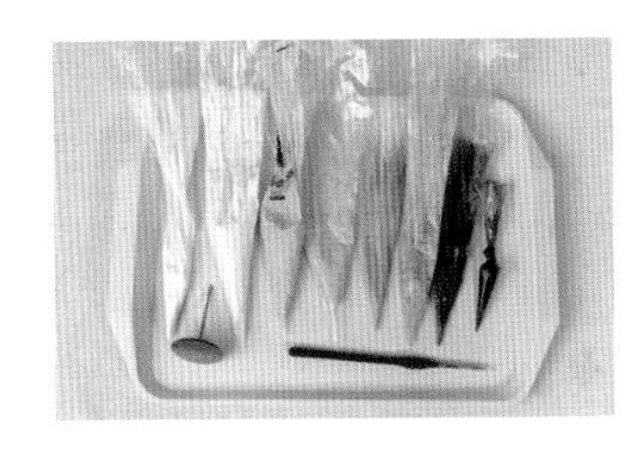

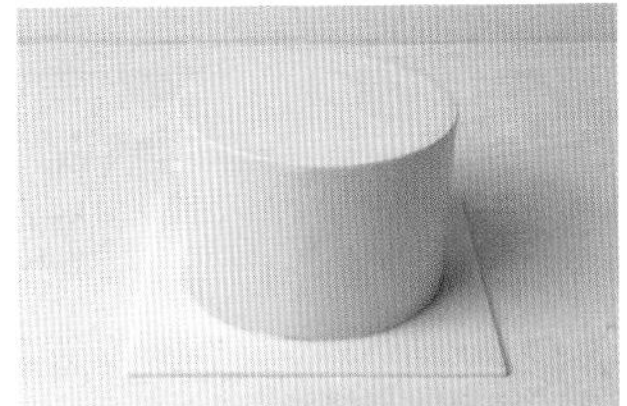

調好顏色的奶油霜、裱花釘、4號圓頭毛筆、小軟刮片。
6寸加高抹面蛋糕（高度10公分左右)、3寸抹面蛋糕。

## 操作步驟

### 第一步：製作立體卡通虎寶寶

1. 裱花釘上墊1張油紙，用黃色的奶油霜擠1個下大上小的圓錐形，高度3公分左右，作虎寶寶的身體，用軟刮片把表面刮光滑。
2. 在做好的圓錐形上擠1個圓球形作虎寶寶的頭部，用軟刮片刮光滑。
3. 擠上白色奶油霜，修光滑作為肚子。
4. 用奶油霜擠出虎寶寶的手和腳。
5. 擠上虎寶寶的頭髮，用毛筆刷出頭髮的紋理。
6. 擠上黃色奶油霜蓋住頭髮的邊緣，作虎寶寶的帽子，用毛筆把表面刮光滑。
7. 擠上虎寶寶的臉部五官，畫上花紋，卡通虎寶寶就製作完成了。

1-1

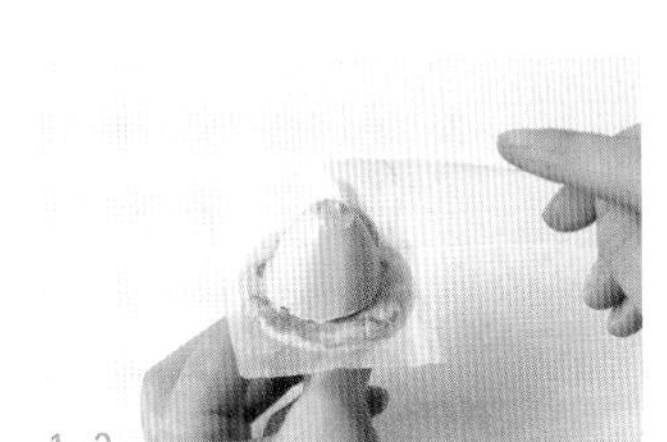
1-2

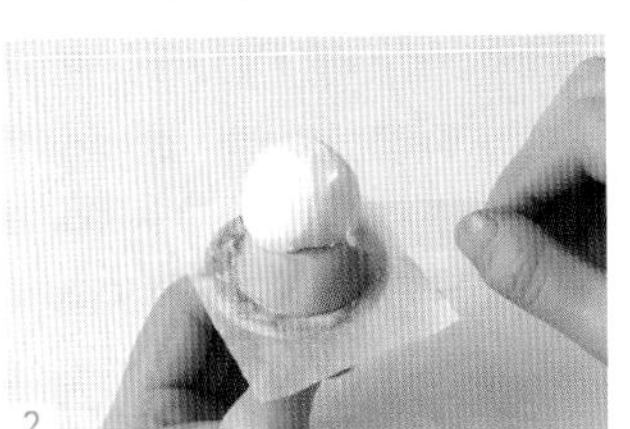
2

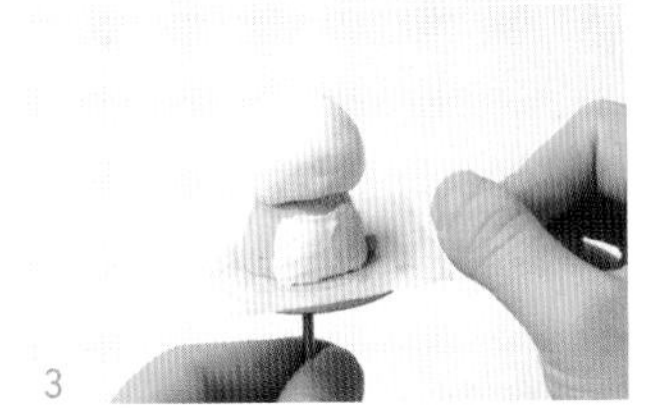
3

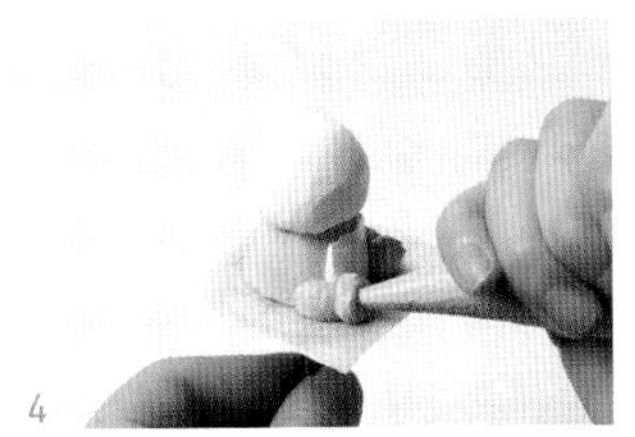
4

5

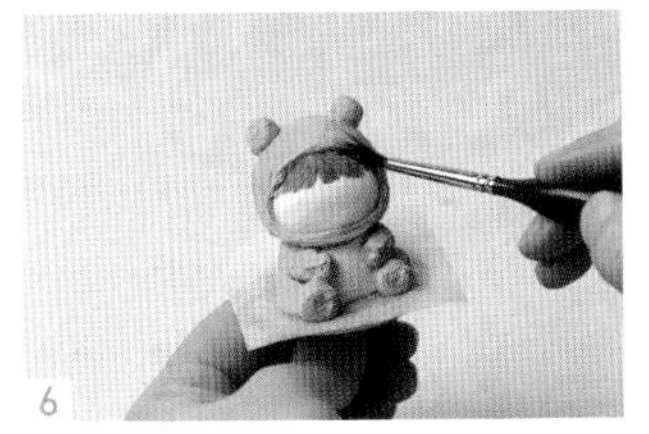
6

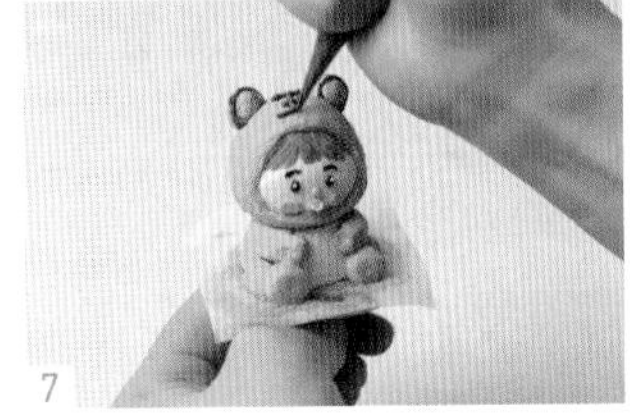
7

第二步：組裝

8 3寸抹面蛋糕放在大蛋糕表面1/3的位置。

9 蛋糕的底部擠上貝殼邊、裙邊、水滴邊、小櫻桃圖案，作裝飾。

10 裝飾3寸蛋糕。

11 把2隻虎寶寶放在蛋糕的中間位置。

12 在蛋糕的邊緣位置擠圓點邊裝飾。

13 這款立體卡通蛋糕就製作完成了。

| 關鍵點 | 卡通人物大致形狀做好後，可以放入冰箱把表面凍硬，再用毛刷修光滑。 |
| --- | --- |

8

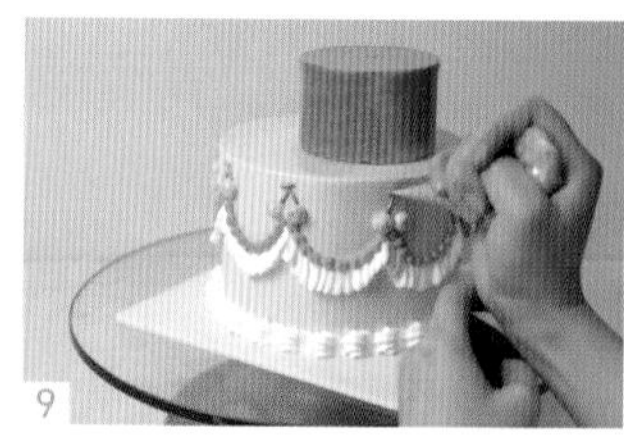
9

10

11

12

13

# 作者簡介

## 黎國雄

- 熳點教育首席技術官
- 第44、45屆世界技能大賽糖藝西點專案中國專家組長
- 獲「全國技術能手」榮譽稱號
- 廣東省焙烤食品糖製品產業協會粵港澳臺專家委員會執行會長
- 中國烘焙行業人才培育功勳人物
- 全國工商聯烘焙業公會「行業傑出貢獻獎」
- 全國焙烤職業技能競賽裁判員
- 主持發明塑膠模擬蛋糕並獲得國家發明專利
- 主持發明麵包黏土模擬蛋糕

## 李政偉

- 熳點教育研發總監
- 熳點教育督導部導師
- 國家高級西式麵點師，高級裱花師
- 第二十屆全國焙烤職業技能競賽「維益杯」全國裝飾蛋糕技術比賽廣東賽區一等獎
- 第二十二屆全國焙烤職業技能大賽廣東選拔賽大賽評委
- 2020年華南烘焙藝術表演賽「熳點杯」大賽評委

## 彭湘茹

- 熳點教育研發主管導師
- 海峽烘焙技術交流研究會第一屆理事會首席榮譽顧問
- 順南食品白豆沙韓式裱花顧問
- 2016年茉兒貝克世界國花齊放翻糖大賽最佳創意獎
- 2016年美國加州開心果．西梅國際烘焙達人大賽金獎
- 2017年「焙易創客」杯中國月餅精英技能大賽個人賽金獎
- 2018年「寶來杯」中國好蛋糕創意達人大賽冠軍
- 2019年美國加州核桃烘焙大師創意大賽（西點組）金獎

魏文浩

- 熳點教育烘焙研發經理
- 國家高級西式麵點師
- 烘焙全能課程實戰專家
- 2018年，跟隨臺灣彭賢樞大師學習進修
- 2019年至今，跟隨黎國雄學習裱花、西點、糖藝
- 第二十一屆全國焙烤職業技能大賽廣東賽區中點賽一等獎
- 第二十二屆「維益杯」全國裝飾蛋糕技能比賽西點賽二等獎

王美玲

- 熳點教育西點全能研發導師
- 國家高級西式麵點師
- 裱花全能課程實戰導師，高級韓式裱花師
- 第二十一屆全國焙烤職業技能大賽廣東賽區一等獎
- 第二十二屆全國焙烤職業技能競賽「維益杯」全國裝飾蛋糕技術比賽廣東賽區西點賽一等獎

# 熳點教育

## 專注西點烘焙培訓

烘焙 | 裱花 | 慕斯 | 飲品 | 咖啡 | 翻糖 | 法式甜點 | 私房烘焙

熳點教育是專注提供西點烘焙培訓的教育平臺，在廣州、深圳、佛山、重慶、東莞、成都、南昌、杭州、西安等市開設12所校區，是知名的烘焙教育機構。

憑藉專業的西點烘焙教育，獲得廣東省烘烤食品糖製品產業協會家庭烘焙委員會會長單位、廣東省烘焙食品糖製品產業協會副會長單位、第二十至二十二屆全國焙烤職業技能競賽——國家級職業技能競賽指定賽場等行業認證。

熳點教育始終堅持做負責任的教育，由熳點首席技術官黎國雄和中國烘焙大師彭湘茹帶隊研發課程，涵蓋烘焙、裱花、慕斯、咖啡、甜品等多個方向。每年幫助上千名學員成功就業創業。